民族文字出版专项资金资助项目
མི་རིགས་སྐད་ཡིག་དཔེ་སྐྲུན་གྱི་ཆེད་དོན་མ་དངུལ་རོགས་སྐྱོར་རྣམ་གྲངས།

青少年核心素养丛书
གཞོན་ནུ་ལོ་ཆུང་གི་བྱང་ཆད་གསོ་སྐྱོང་ལྟེ་བར་འཛིན་པའི་དཔེ་ཚོགས།

青少年防骗防拐卖教育知识手册

གཞོན་ནུ་ལོ་ཆུང་གི་མགོ་སྐོར་བསླུ་ཁྲིད་འགོག་ཐབས་ཀྱི་སློབ་གསོའི་ཤེས་བྱའི་ལག་དེབ།

曾萃恒◎主编
ཙེང་ཚུའི་ཧེང་གིས་བསྒྲིགས།

扎西欧珠◎译
བཀྲ་ཤིས་དངོས་གྲུབ་ཀྱིས་བསྒྱུར།

བོད་ལྗོངས་བོད་ཡིག་དཔེ་རྙིང་དཔེ་སྐྲུན་ཁང་།
西藏藏文古籍出版社

图书在版编目（CIP）数据

青少年防骗防拐卖教育知识手册 ：汉、藏 / 曾萃恒主编 ；扎西欧珠译 . -- 拉萨 ：西藏藏文古籍出版社，2022.5

ISBN 978-7-5700-0707-3

Ⅰ . ①青… Ⅱ . ①曾… ②扎… Ⅲ . ①安全教育—青少年读物—汉、藏 Ⅳ . ① X925-49

中国版本图书馆 CIP 数据核字（2022）第 068785 号

青少年防骗防拐卖教育知识手册

主　　编　曾萃恒
责任编辑　次巴　赵保利
译　　者　扎西欧珠
装帧设计　拉姆
出　　版　西藏藏文古籍出版社　邮政编码：850000
　　　　　　打击盗版：0891-6930339
印　　刷　三河市腾飞印务有限公司
经　　销　全国新华书店
开　　本　16 开（710mm×1 000mm）
印　　张　6.25
印　　数　01-3,000
字　　数　62.4 千
版　　次　2022 年 11 月第 1 版
印　　次　2022 年 11 月第 1 次印刷
标准书号　ISBN 978-7-5700-0707-3
定　　价　26.00 元

前　言

街头骗术从来都是花样翻新，让人防不胜防，如免费抽奖、贼喊捉贼、捡钱分钱等，依然可以欺骗不少人。与此同时，飞速发展的社会上也出现了不少新的诈骗手段，如电话诈骗、网游骗术、网购遇骗、网络钓鱼等。中小学生刚刚接触社会，易受诱惑、暗示，容易轻信陌生人。犯罪分子利用中小学生这些弱点，将新、老伎俩结合，对中小学生进行诱骗。鉴于此，我们试图将中小学生从众多欺诈、拐骗中拯救出来。

害人之心不可有，防人之心不可无。中小学生在与人打交道的过程中，要时刻保持警惕。对任何场合（包括校园内外、旅途中、公共场所、网络上等）的陌生人，都需要保持距离，不独自与陌生网友见面，不上陌生人的车给陌生人带路，不接受陌生人的礼物。

安全意识很重要。中小学生之间要团结友爱，互帮互助，不应互相攀比，不向同学炫富，以免遭到同学的嫉妒和校外人员的觊觎，给自己带来潜在的安全隐患；外出时尽量不要落单，要与同学结伴而行，要与家人做好约定；不要随意在大街上或向陌生人透露自己的家庭信息；迷路时要警惕坏人和陷阱，求助正确的对象。

遇到绑匪要冷静。中小学生在被陌生人跟踪时，可以走进附近派出所，甩开陌生人；被人强行拽上车时，要善于利用旁边物品引起注意，比如砸碎旁边的车窗玻璃；被绑匪绑到陌生地点时，要保持冷静，观察环境，弄清绑匪意图，不要做出惹怒绑匪的举动，以免受到绑匪的攻击。

通过本书，我们希望中小学生能够对所有诱惑保持警惕，认识到每个小小的诱惑背后可能会隐藏着巨大的危险，远离各种五花八门的诱惑；能够巧妙地应对热情好心的陌生人；能够弄清各种电信诈骗的套路；学会去保护个人及家庭信息安全；面对绑匪时能够自我保护。

སྔོན་འགྲོའི་གཏམ།

སྤྱི་ཚོགས་ཐོག་ཁྲམ་པ་མང་པོས་བསླུ་ཐབས་སྣ་ཚོགས་སྤྱོད་དེ་མི་མང་པོར་མགོ་སྐོར་གཏོང་བཞིན་ཡོད་པ་དཔེར་ན། རིན་མེད་རྒྱན་ཤོག་འཐེན་དུ་འཇུག་པ་དང་། གཞན་ལ་རྐུན་ཁག་དགྲི་བ། རྙེད་དངུལ་བགོ་ཐབས་ཀྱིས་ཁ་བསླུས་རྒྱག་པ་སོགས་ཀྱི་གཡོ་ཐབས་སྤྱོད་ནས་ཧུར་བཞིན་མི་མང་པོར་མགོ་སྐོར་གཏོང་མུས་ཡིན། དེ་དང་དུས་མཚུངས་སྤྱི་ཚོགས་མགྱོགས་མྱུར་དང་འཕེལ་རྒྱས་འགྲོ་བའི་འགྲོས་དང་བསྟུན་ནས། མགོ་སྐོར་གཏོང་ཐབས་གསར་པ་མི་ཉུང་བ་ཐོན་བཞིན་ཡོད་པ་དཔེར་ན། ཁ་པར་བཏང་ནས་ཁ་བསླུས་རྒྱག་པ་དང་། དྲ་རྒྱའི་རོལ་རྩེད་ཀྱིས་ཁ་བསླུས་རྒྱག་པ། དྲ་ཐོག་ཉོ་ཚོང་གིས་ཁ་བསླུས་རྒྱག་པ། དྲ་ཐོག་ཏུ་རྒྱ་རྙི་འཛུགས་པ་སོགས་ལྟ་བུའོ། །སྤྱི་ཚོགས་འཕྲིམ་མ་ཐག་པའི་སློབ་གྲྭ་འབྲིང་ཆུང་གི་སློབ་མ་རྣམས་བསླུ་བྲིད་འོག་ཚུད་སླ་ལ། རྒྱུས་མེད་ཀྱི་མི་ལ་ཡིད་ཆེས་བྱེད་སླ། ཉེས་ཅན་པས་སློབ་གྲྭ་འབྲིང་ཆུང་གི་སློབ་མའི་ཞན་ཆ་འདི་དག་བེད་སྤྱོད་ནས་བསླུ་ཐབས་གསར་རྙིང་ཟུང་འབྲེལ་བྱས་ཏེ་བསླུ་བྲིད་དང་མགོ་སྐོར་གཏོང་བཞིན་ཡོད། དེར་བརྟེན། ང་ཚོས་སློབ་མ་རྣམས་བསླུ་རྫུས་དང་མགོ་སྐོར་གཏོང་ཐབས་སྣ་ཚོགས་ལས་སྐྱོབ་ཐབས་བྱེད་དགོས།

ཞག་གསུམ་གཉིབ་པའི་ཆུང་མར། སྙིང་གཏམ་ཤོད་པ་མ་སྤུ་ཞེས་པའི་དཔེ་ལྟར། སློབ་གྲྭ་འབྲིང་ཆུང་གི་སློབ་མས་མི་དང་འབྲེལ་འདྲིས་བྱེད་པའི་བརྒྱུད་རིམ་ནང་དུས་དང་རྣམ་པ་ཀུན་ཏུ་དོགས་ཟོན་ཆེར་བསྐྱེད་བྱེད་དགོས། གནས་གང་ཞིག་ཏུ་ཡིན་རུང་(སློབ་གྲྭའི་ཕྱི་ནང་དང་། ཡུལ་སྐོར་ལམ་བར། མི་མང་འདུ་འཛོམས་བྱེད་ས། དྲ་རྒྱའི་ཐོག་སོགས) ཆ་རྒྱུས་མེད་པའི་མི་དང་བར་ཐག་ངེས་ཅན་འཇོག་དགོས་པ་མ་ཟད། གཅིག་ཕུར་ཆ་རྒྱུས་མེད་པའི་དྲ་གྲོགས་དང་ཐུག་འཕྲད་མི་བྱེད་པ་དང་། ཆ་རྒྱུས་མེད་པའི་མིའི་ཀླངས་འཁོར་དུ་བསྡད་དེ་ལམ་མི་ཁྲིད་པ། ཆ་

རྒྱུས་མེད་པའི་མིའི་ལག་རྟགས་ལེན་པ་སོགས་བྱེད་མི་རུང་།

བདེ་འཇགས་ཀྱི་འདུ་ཤེས་ནི་ཤིན་ཏུ་གལ་ཆེ། སློབ་གྲྭ་འབྲིང་ཆུང་གི་སློབ་མ་ཕན་ཚུན་དབར་མཐུན་སྒྲིལ་དང་རོགས་རེས་བྱེད་དགོས་པ་ལས་ཞེ་སྡང་དང་རྒྱུ་དངོས་ངོམ་རེས་བྱེད་མི་རུང་། རྒྱུ་དངོས་ཆེ་དྲགས་ན་སློབ་གྲོགས་རྣམས་ལ་ཕྲག་དོག་སློང་སྲིད་ལ་སློབ་གྲྭའི་ཕྱིའི་མི་ངན་ལའང་རྒྱུ་ཇམ་སྐྱེ་སྲིད་པས། རང་ཉིད་ལ་མངོན་མེད་ཀྱི་ཉེན་ཁ་བཟོ་སྲིད། སློབ་གྲོགས་དང་འགྲོགས་ནས་ཕྱི་ལ་འགྲོ་སྐབས། ཁྱིམ་མི་དང་ཁ་ཆད་ཡག་པོ་བྱས་ཐོག །མི་གང་བྱུང་ལ་རང་ཉིད་ཀྱི་ཁྱིམ་ཚང་གི་གནས་ཚུལ་ཤོད་མི་རུང་། ལམ་ནོར་ཐེབས་སྐབས་མི་ངན་གྱི་གཡོ་རྫུས་འོག་མ་ཚུད་པ་བྱས་ཏེ་ཡང་དག་པའི་རོགས་སྐྱོབ་བྱེད་ཐབས་འཚོལ་དགོས།

ཇག་པ་དང་འཕྲད་ན་སེམས་རྣལ་དུ་ཕབ་དགོས། ཆ་རྒྱུས་མེད་པའི་མིས་རྗེས་འདེད་གཏོང་སྐབས། ཐག་ཉེ་སའི་མངག་གཏོང་ཁང་དུ་བསྐྱོད་ནས་གཡོལ་ཐབས་བྱེད་དགོས། གལ་ཏེ་གཞན་གྱིས་བཙན་ཤེད་ཀྱིས་ཀླུངས་འཁོར་ནང་དུ་འདྲུད་ཆེ། ཉེ་འགྲམ་གྱི་དངོས་ཟས་བེད་སྤྱོད་བྱེད་མཁས་པོ་དགོས། དཔེར་ན་ཀླུངས་འཁོར་གྱི་ཤེལ་སྒོ་གཅོག་པ་ལྟ་བུ། ཇག་པས་ཆ་རྒྱུས་མེད་པའི་གནས་སུ་བཀྱིག་སྐབས་སེམས་རྣལ་དུ་ཕབ་ནས་ཁོར་ཡུག་ལ་ལྟ་ཞིབ་དང་། ཇག་པའི་འདོད་བློ་གསལ་རྟོགས་བྱ་དགོས་པ་ལས། ཇག་པའི་ཡིད་ལ་མ་འཐད་པའི་བྱ་སྤྱོད་སྤེལ་ན། རང་ཉིད་ལ་རྟུང་རྗེག་ཕོག་ཉེན་ཆེ་བས་གཟབ་དགོས།

དེབ་ཆུང་འདི་ལྟ་ཀློག་བྱས་པ་བརྒྱུད། ང་ཚོའི་རེ་བར་སློབ་གྲྭ་འབྲིང་ཆུང་གི་སློབ་མས་བསླུ་བྲིད་ལ་དོགས་ཟོན་ཆེར་བསྐྱེད་དང་། བསླུ་བྲིད་ཆུང་ངུ་རེའི་རྒྱབ་ཏུའང་མངོན་མེད་ཀྱི་ཉེན་ཁ་ཆེན་པོ་རེ་གབ་ཡོད་པའི་འདུ་ཤེས་བཟུང་སྟེ། བསླུ་བྲིད་སྣ་ཚོགས་ལས་རིང་དུ་གཡོལ་ཐུབ་པ་དགོས་ཁར། རྒྱུས་མེད་ཀྱི་སེམས་བཟང་ཅན་ལ་སྐབས་བསྟུན་གྱི་ཁ་ཡ་བྱེད་ཤེས་པ་དང་། གློག་འཕྲིན་ཁ་བསླུས་ཀྱི་བསླུ་ཐབས་སྣ་ཚོགས་ཁོང་དུ་ཆུད་པ། སྐེར་དང་ཁྱིམ་ཚང་གི་ཆ་འཕྲིན་བདེ་འཇགས་ལ་སྲུང་སྐྱོབ་བྱེད་ཤེས་པ། ཇག་པ་འཕྲད་སྐབས་རང་སྲུང་བྱེད་ཤེས་པ་བཅས་བྱ་ཐུབ་རྒྱུའི་འདུན་པ་དྲག་པོ་འཆང་བཞིན་ཡོད།

目 录

དཀར་ཆག

第一章

校园中的骗术，小心温柔背后的陷阱

作为一名中小学生，你知道校园诈骗的主要手段有哪些吗？如何预防校园诈骗？你相信你的同学可能会把你卖了吗？在学校里发现可疑人员应该怎么办？接到陌生人的邀请应该如何应对？

校内诈骗的常见方式

1. 假借特殊身份，骗取同学信任。有一些诈骗分子利用假名片、假身份骗取中小学生的信任，如学校新来的老师、来学校演讲的名人、××× 书法家、××× 教育专家等虚假身份，骗取同学们的信任之后，就开始实施诈骗，如询问同学们的家庭信息、父母工作等。

2. 硬拉关系。有的骗子会假装不经意间与中小学生搭讪，借机硬拉关系，如老乡、邻居等，之后便开始套近乎，常常假装巧合碰见，再以各种借口向学生借钱，有些学生碍于面子、出于义气而把钱借给对方。

3. 急需帮助。有的诈骗分子会假装急需帮助，制造紧张氛围，如谎称钱包丢在校园里、孩子在校园里跑丢或者没钱吃饭等。

4. 坏的说成好的，假的说成真的。有的骗子利用中小学生辨别能力不足，无法辨别真假、好坏的特点，去学生宿舍里推销商品，使劲吹捧假冒伪劣产品，诱导中小学生购买。

如何避免被诈骗

1. 中小学生要有反诈骗意识。中小学生要提高防范意识，学会自我保护。经济飞速发展的同时，社会环境变得复杂多变，中小学生一定要尽快适应环境，学会保护自我，积极参加学校组织的安全防范和法制教育活动，要多了解、多掌握一些防骗知识。在日常生活中，中小学生要做到不谋取私利、不贪图便宜；在提倡奉献爱心、助人为乐的同时，提高警惕，不要轻信花言巧语；不能随意将自己的家庭地址等情况告诉陌生人，防止上当受骗；如若看到可疑人员，一定要及时告诉老师或家长，上当受骗以后要及时报案，让骗子受到应有的法律制裁。

2. 中小学生不要感情用事。如果中小学生做事情总是跟着自己的感觉走，就很容易上当受骗。骗取钱财是骗子的目的，所以，对于表面上讲“哥们义气”“感情”的骗子，尤其是刚刚认识的“老乡”“朋友”“落难者”，我们一定不要被表象蒙蔽，要能够听其言、观其色、辨其特征，理智看待问题。对于刚认识的“朋友”，不要轻易跟对方掏心掏肺。如果你认为对方的钱财要求超乎常理或者不合实际，应该及时向保卫部门或者老师反映，以免遭受损失。另外，对于上门客，中小学生一定要小心处置，尽可能不为他们提供单独行动的空间和时间，不要为对方创造作案的条件。

3. 中小学生不要贪图小便宜。中小学生要明白，天上不会掉馅儿饼，面对陌生人对你许诺的利益，应该三思而后行。通常情况下，博取信任和骗取财物是骗子行骗的两个阶段，第一个阶段尤为重要。为了博取你的信任，骗子可能会提供一些对你十分有利的条件，要保持头脑清醒，不要被这些“好处”和“横财”冲昏了头脑。

4. 中小学生要服从学校的管理，自觉遵守学校的规定。学校制定了一系列的管理制度和规定，用来约束中小学生的行为，在执行的过程中，也许会给我们带来不便，但是这些制度是不可或缺的。而且，大部分校园管理制度就是为了防止犯罪分子以及闲杂人员混入校园作案，从而使中小学生的正当权益和校园秩序得到维护。所以，我们必须认真执行学校的有关规定，并积极支持相关部门履行管理职能。

如何防止被拐

中小学生的辨识能力弱，所以，一定做好防范工作。

1. 防拐教育。平时要教育孩子不要和陌生人讲话，不要吃陌生人给的东西等。一次一次地让孩子把这些提醒记进脑子里，就会避免大多数被拐卖的可能。

2. 自救意识。平时生活中，多教孩子一些自救的方法和意识，学会自救。

3. 去一些商场或者是菜市场等公共场所，父母或者看护人的视线切记一定不要离开孩子，尤其要注意陌生人的热情举动，不可大意。

4. 中小学生放学后不要单独站在校门外，如果需要等待家长的话，需要有老师的陪伴或者是保安的保护下，才可以在校门口等家长。遇到特殊情况可先联系保安室。

5. 中小学生尽量不要到陌生的地方玩耍，出行最好结伴而行。

6. 当你在公共场所走失或迷路，不要惊慌，一定要第一时间找附近穿制服的工作人员，向他们请求帮助，必要时拨打 110 联系警察，切忌单独行动。

如何辨别可疑人员

1. 上课期间在校园内游荡的陌生人。上课期间，中小学校园内一般不会有陌生人游荡。若出现东张西望的陌生人，便可以及时报告保卫科的叔叔或老师，让他们处理。

2. 携带管制刀具、钳子、铁器等工具的人。一般来说，中小学校有自己的后勤部，只有后勤部的工作人员才会带管制刀具、钳子、铁器等，但是他们一般不会带着这些工具在校园里到处瞎逛。如果同学们看到陌生人带着这些东西在校园里闲逛，要及时报告保卫科或老师。

3. 有意躲避校园巡逻保安的陌生人。现在的中小学校园里都有保安巡逻，如果同学们发现校园里的陌生人在有意躲避校园巡逻保安时，要及时报告保卫科。

4. 进宿舍推销产品、发送广告的陌生人。对于进宿舍推销产品、发送广告的陌生人，同学们也要将其视为可疑人员，以防他们诈骗或者偷盗。

如何保护自身安全

1. 不要在放学路上停留。放学以后，中小学生应该直接回家，不应走僻静或者空旷的路，也不应独自一人去偏僻的地方玩耍。

2. 对陌生人保持警惕。拐骗者往往会用求助的手段，利用中小学生单纯善良、警惕性弱的特点，诱导中小学生为其带路。这个时候中小学生要学会说“不”，若是对方确实需要帮助，可以让他去找成年人；中小学生可以帮其指路，告诉他如何走，但不能跟他一起走或者上他的车为其指路。

3. 拒绝接受陌生人的东西。对于陌生人给的饮料或者食物，中小学生要拒绝，切忌接受对方的礼物。如果遇到非常“热心”的陌生人，要留个心眼，要明白正常情况下成年人是不会无缘无故给别人送钱或者礼物的。

4. 采取正确策略，不激怒对方。犯罪分子在刚刚实施完劫持的时候精神往往会处于高度紧张的状态，如果中小学生这时大喊大叫、拼死反抗，极有可能会激怒对方，导致对方下毒手。因此，面对敌强我弱的情况，中小学生不宜与对方斗勇，要学会用智慧摆脱困境。

5. 保持冷静，保持头脑清醒。中小学生被绑以后，应该尽自己最大努力使自己保持机警和冷静，最大限度地将自己被绑后的细节记下来，便于警察的解救及侦查，为自己争取逃生的机会。

6. 学会留下标记。在被劫持的过程中，当走到十字路口等重要地方的时候，可以将自己身上的东西留作记号，为寻找自己的人留下线索。

7. 逃跑的时候一定要果断。如果出现逃跑的时机，中小学生一定要果断逃跑，因为这样的机会往往稍纵即逝。一般而言，中小学生要向有亮光、人多的地方跑，尽可能使自己脱离险境。

第二章

街头常见骗术，忽悠欺骗没商量

听到免费抽奖时，同学们是否手头痒痒、跃跃欲试呢？公交车上有人大喊：“有小偷”，同学们会不自觉地护住自己的钱包吗？路边陌生人捡了一沓钞票，愿意找个地方与你平分时，同学们是否早已心动，默默地跟着对方走呢？……这些常见的街头骗术，你能分辨出来吗？

“免费抽奖”背后隐藏的危机

1. 中奖概率很大的假象。多个数字中奖，一个数字交钱。抽中有奖的号码获得一些“三无”的劣质商品，如打火机、梳子、洗发水、充电宝等，抽到没奖的号码就要交钱。骗子会营造一种中奖的号码多，不中奖的号码只有一个，中奖概率很大的假象，但是参与抽奖的人只能抽到需要交钱的号码。

2. 一箱大奖，一抽就中，一中就得补差价。只要是参与抽奖的人，都能抽到大奖。而一般抽到大奖的人，都需要补差价才能领取奖品，那些免费领取的奖品，从来都抽不到。

3. 补差价，强买强卖。参与活动中奖之后，强行把某件商品半价卖给中奖者，质量没保证、价格不便宜，不买不让走。

4. 抽到奖品是假象，中奖者都是同伙。中小学生看到其他人中奖，纷纷领到奖品后，会产生“有利可图”的心理，主动参与到抽奖活动中。殊不知，那些中奖领取礼物的现象只不过是违法嫌疑人营造的假象，那些中奖者其实都是其同伙，目的是引诱你参与其中。

如何避免被碰瓷

1. 在拥挤的路段要加倍小心。许多碰瓷的案件往往发生在人多拥挤的路段，人与人之间挤来挤去，这便为碰瓷者提供了方便。因此，中小学生在这些地段行走的时候，一定要提高警惕，如果遇到了碰瓷的人，要尽可能地留住目击证人。

2. 碰瓷者要求你赔偿时，你应该和他们据理力争，也可以和他们一起去派出所理论；一定不能和他们“私了”，否则就中了他们的圈套。碰瓷的人通常会利用中小学生遇事胆小、怕麻烦的心理借机敲诈。因此，中小学生遇到碰瓷事件的时候可以报警。敲诈者在看到你报警以后往往会心虚，从而中止违法的行为。尤其遇到专门碰瓷的人时，这个方法更加管用。

3. 结伴文明出行。中小学生要与同伴一起出行，出行路上不打闹、不奔跑，不乱碰地摊小贩商品，不在路上长时间滞留。

遇到贼喊捉贼时，我们怎么办

1. 不接受私下解决，直接报警。当坏人找到作案对象时，假装自己的某件物品被作案对象偷了，并被当众发现。然后坏人就开始跟作案对象说不想把事情闹大，私下解决，向你索要赔偿或者把你带到偏僻的地方。如果同学们遇到这种情况，一定不要接受私下解决，在围观群众面前一定要强势，直接告诉坏人要找警察处理。

2. 请求司机把车开往附近公安派出所或民警值勤点，找警方处理。如果是在公交车上遇到贼喊捉贼的伎俩，同学们不要跟着坏人下车，可以请求司机把车开往附近公安局或者民警值勤点，找警方处理。

3. 扩大事态，引起他人注意或警方介入。如果中小学生在大街上或在其他公共场所遇到贼喊捉贼的伎俩，有口难辩时，可以采取砸碎旁边车窗玻璃，毁坏旁边商店物品等方式，把更多的利益方牵扯进来，把事态扩大，让警察来处理。

如何避免被黑心商贩诈骗

1. 钱财当面点清。中小学生在接过零钱后不要立刻塞进口袋，应该当着商贩的面把钱数清。

2. 记住号码或做个标记。为了避免出现真钱换假钱的情况，中小学生可以记住钱的号码，也可以在钱上做个记号。如此一来，即使中小学生发现对方以假换真的时候，也有证据可以说明。

3. 交易时集中注意力。中小学生从付钱到交易结束，都不要让别人分散自己的注意力，因为，在你注意力分散的时间里，对方极有可能会对钱做手脚。

4. 学会识别真假钱。中小学生要学会识别真假钞票，这样会防止黑心商贩找零时夹杂假钞。

5. 少在路边流动地摊购买物品。中小学生要尽量少在路边流动商贩处购买物品，可以选择去商场、正规超市购买物品。

6. 慎重购买打折商品。有的商贩会利用中小学生贪图便宜，喜欢购买物美价廉商品的心理，把同类商品价格压低，吸引中小学生的目光，然后以缺斤少两或者出售假冒伪劣商品来盈利。

7. 提前备好零用钱。中小学生要少用 100 元、50 元等面额比较大的钱，出门要准备好乘坐公交车的零用钱，不要与路边商贩以整换零或者以零换整，以免被黑心商贩欺诈。

第三章

电信网络骗术，弄清套路是关键

节目里短信竞猜真的能赢大奖吗？银行为何会发来温馨的短信提醒？收到吓人的短信怎么办？返还电话费是真的吗？视频那边的好友是本人吗？网游、网购有哪些骗局？钓鱼网站如何钓鱼……本章将为同学们揭开一个个电信网络骗术的面纱，让同学们弄清电信网络诈骗的套路，学会巧妙应对此类诈骗，减小被骗概率。

遇到电话诈骗怎么办

1. 确认消息是否为真，确认收款方是否属实。中小学生在接到此类短信或电话时，可以先拨打电信部门的客服电话查询消息是否为真。凡是让你汇款的电话、短信等，都要及时报警。

2. 留意短信或电话来源。对于没有归属地的手机号码、不正常的座机号和不熟悉的电话号码，中小学生应当不予理睬；同时，中小学生要学会保护个人和家庭信息，不要向外泄露自己及家里的联系方式。

3. 核实来电方身份。通常情况下，电信部门对于电话欠费会在每月缴费日期之前通过语音、短信等多种形式提醒缴费。若是有人冒充公安人员打电话来调查欠费并索要个人信息或者以电话局工作人员的名义直接打电话催缴电话费时，中小学生一定要提高警惕，谨防上当受骗。中小学生应该通过正常渠道核实对方的身份和电话欠费情况，切忌急于透露个人信息或者转账。

如何防范在 QQ 聊天中被诈骗

1. 确保自己的电脑系统安全。一些人正是由于电脑出现故障，没有防火墙和杀毒软件，才让骗子钻了空子。因此，中小学生一定要及时更新杀毒软件和防火墙，经常检查系统漏洞，并进行修补。

2. 养成良好的上网习惯。中小学生最好不要与那些打着美女或者帅哥旗号的陌生人视频聊天，否则很有可能被人录下视频画面，并加以利用。另外，中小学生不要随意接收或者打开 QQ 好友发送的图片或者网页，以免附带的木马病毒使 QQ 号被盗，至于那些下载的文件在经过杀毒软件查杀以后方可使用。

3. 及时更新经常使用的即时通讯软件（微信、支付宝等）。主流即时通讯运营商都在各自的新版本即时通讯软件中新增或增强了木马扫描、查杀功能，将即时通讯木马病毒造成的危害降到最低。因此，中小学生一定要及时更新自己的即时通讯软件，保证自己的信息安全。如果不法分子想要利用播放影音文件实施诈骗行为，那么一个“影音文件”的提示就会在视频窗口上浮现出来，帮助同学们识别出这是假视频。

4. 辨认声音或者对暗号。许多骗子都会以视频话筒损坏或者不方便等理由拒绝语音聊天。因此，如果中小学生在 QQ 上聊天时，遇到别人向自己借钱或者打听较为敏感的信息时，最好确认对方的声音。有时候，由于网速问题，QQ 视频画面可能会出现停顿的情况，使音画不同步。有些骗子正是利用了这一点，在通话的时候“配上”自己的声音，冒充对方的好友。这时候，不仅仅要认真辨认声音，最好再利用一些暗号加以确认。中小学生在与好友聊天的时候会有一些双方都知道的事情，如个人经历、对方家庭情况等，在涉及借钱的问题时，中小学生可以通过这些试探性的问题来辨别对方的真假。

5. 电话确认。通过电话来确认是最直接的方法。若是对方主动提出打电话，并用显示亲人或者朋友的电话号码打来电话，中小学生必须记住要回拨电话确认，因为对方很可能使用的是“任意显号”软件，这样电话上显示的就是亲人或朋友的电话。

如何避免网游诈骗

1. 不贪小便宜。中小学生要明白“天上是不会掉馅儿饼的”，像中奖、大礼包、低价游戏币等，都有可能让自己得不偿失。

2. 与“钱”好好聊聊。中小学生自身没有收入，打游戏的费用多数是自己的零花钱，难免会看到某些低价物品心动，失去理智。中小学生在网游的过程中，凡是遇到跟“钱”打交道的，一定要三思而行，不能轻易给陌生人转账。

3. 不点击陌生人发来的信息。中小学生在网游的过程中，不要随便点击陌生人发来的链接、邮件或者图片，这些信息很有可能带有木马病毒，很容易导致账号信息被盗。

4 . 培养其他爱好，远离网游。中小学生目前最重要的还是学习，在学习之余，同学们可以通过集体活动、画画、练字、散步等方式打发时间。

买票如何避开骗局

1. 正规官网购票。火车票一般在 12306 网站上购买，话剧、舞台剧、音乐剧可选择大麦官网，电影票可用美团、大众点评、支付宝、微信等软件购买。不要去陌生的、新建立的网站购买，不要在 QQ 群、微信群里购买。

2. 识别虚假网站。中小学生要学会识别假网站、假链接，不轻易点击不明链接。

3. 拒绝先付款、再寄票。诈骗分子会在交易过程中给同学们发票的照片

或者自己支付的截图，目的是让同学们相信其确实有票。但是，同学们不要忘了，这些票也有可能是利用图片处理软件做出来的，事实上对方很有可能根本就没票。因此，同学们遇到先付款、再寄票时，不要害怕问多了对方生气，也不要担心支付晚了被别人抢，一定要确定票的真实性后再付款，或者要求货到付款。

如何避免网购时受到诈骗

1. 提高警惕，不贪小便宜。中小学生在遇到卖家价格要比市场价格低出很多，交货期限十分短时，一定不能被超低价格迷惑，不要有贪小便宜的思想，要认真辨别卖家留下的信息，对于只有一个手机号码，没有固定地址，也没有固定电话的卖家，一定不能轻易交易。

2. 认真核实商家各项信息。中小学生可以利用搜索引擎，查询供货信息里留的公司名称、联系人、联系电话、银行账号等关键的信息是否一致。若是发现上述信息不一致，就一定要提高警惕。

3. 使用第三方支付平台，不接受转账到私人账户。一般正规大型的购物网站会让买家先把钱存到第三方账户，确认收货后第三方才会把货款转给卖家。中小学生不要轻信卖家而选择直接转账，一定要使用相对安全的第三方支付平台。

什么是钓鱼网站

钓鱼网站是一种进行网络欺诈行为的网站，指不法分子通过各种手段，利用真实网站服务器程序上的漏洞，在站点的某些网页中插入危险的 HTML 代码，或仿冒真实网站的 URL 地址、页面内容，来骗取用户各种账号信息、密码等个人资料。中小学生对网络信息的辨别能力较弱，很容易对钓鱼网站信以为真，导致个人信息泄露、经济受到损失。

中小学生如何识别钓鱼网站

1. 查验“可信网站”。中小学生可以通过第三方网站身份诚信认证来对网站的真实性进行辨别。现在许多网站都在首页上安装了第三方网站身份诚信认证—“可信网站”，这有利于中小学生判断网站的真实性。中小学生在网络交易的时候一定要养成查看网站身份信息的习惯。中小学生可以通过点击网站页面底部的“可信网站”标识来辨别网站的真实身份。

2. 比较网站内容。假冒网站上的字体不仅模糊不清，而且样式也不一致。假冒网站上无链接，中小学生可以点击图片或栏目中的各个链接看看是不是能打开。

3. 核对网站域名。假冒网站与真实网站之间有细微的区别，如果中小学生有疑问，可以认真辨别它们的不同之处，如在域名方面，假冒网站中英文字母 I 往往会被换为数字 1，CCTV 会被替换为 CCTV － VIP 或者 CCYV 这样的仿造域名。

4. 查看安全证书。现在，大型的电子商务网站往往都应用了可信证书类产品，这些网站网址的开头为“https”，对于开头不是“https”的一定要谨慎对待。

5. 查询网站备案。利用查询 ICP（电信与信息服务业务经营）备案可以得知网站拥有者的情况、网站的基本情况，对于没有取得许可证的经营性网站或没有合法备案的非经营性网站，有关部门会根据网站性质予以罚款，甚至要求关闭网站。

第四章

警惕拐骗，提高安全意识很重要

艰苦朴素、互帮互助是中华民族的传统美德，中小学生应该学会热爱集体，互相帮助，尊老爱幼，礼貌待人。此外，中小学生还要提高安全意识，切记不与陌生人搭讪、不透露家庭信息、外出时与父母做好约定、遇到困难时寻找合适的求助对象。中小学生是新的一代，是家庭的希望、国家的未来，希望他们能够远离拐骗，顺利成长。

集体活动中落单了，怎么办

1. 及时联系老师、好友，迅速回到集体中。同学们在参加集体活动时，要牢记带队老师的联系方式，如果不小心与集体走散，也不要慌张，应该及时联系带队老师，说清楚自己的位置，跟着老师的指令行动。或者及时联系自己的好友。总之，要想办法回到队伍中。

2. 警惕陌生人的搭讪。犯罪分子会很留意独自回家或落单的中小学生。中小学生在与集体走失落单时，可能会引起陌生人的注意。同学们遇到陌生人搭讪时，可以假装与老师、家长通话，把自己的位置清楚地说出来，给犯罪分子一种你不是一个人的错觉。不要轻易相信陌生人的“好意”（送你回家、帮你拿书包等），更不要吃陌生人给的任何食物。

3. 寻求警察帮助。中小学生参加集体活动时，一旦与老师、同学、家长联系不上，可以拨打 1 1 0 寻求警察的帮助，不要一个人盲目乱走，也不要跟着陌生人走。

4. 找标志物，说清楚自己的具体位置。无论是向老师、同学，还是警察求助，同学们要能够说清楚自己的位置。如果手机、电话手表有定位功能的话，一定要好好利用；如果无法定位时，要找周围有标志性的物品，弄清楚自己的位置。

如何在社交过程中保护家庭信息

1. 不结交校外陌生人。中小学生应当以学习为重，不去招惹校外陌生人。同学们可以结交校内同学，一来可以相互学习，二来可以相互玩耍，三来可以互相照顾。

2. 不告诉陌生人家庭信息。在生活中，同学们可能会遇到一些热情的陌生人，他们会以下次找你玩为借口，向你索要家里的联系方式。这个时候，同学们一定要谨慎，你可以胡乱编一个信息或者找借口离开。

3. 不谈论与家人有关的话题。中小学生遇到陌生人搭讪时，凡是谈到与家人有关的话题，要学会巧妙地转移话题，无法应对时一定想办法脱身。

4 . 不填写路边问卷。当遇到陌生人要求填写问卷再领取礼品时，同学们要委婉、果断地拒绝。

5. 不在网上透露真实信息。中小学生在网上社交时，不能透露个人真实信息，更不能将自己的家庭信息告诉网友。

如何增强自身安全防范意识

1. 不给陌生人带路。中小学生在遇到陌生人问路时，可以帮忙指路，但是不能带路，最好是赶紧离开，不要与其交流。

2. 不吃陌生人食物。害人之心不可有，防人之心不可无。中小学生应做到：不接陌生人给的任何东西，不吃陌生人给的食物，不喝陌生人给的饮料。

3. 选择合适的求助对象。如果陌生人缠着你，要求你帮他寻找什么东西或者带路时，同学们可以带他去有警察的警车求助，或者向学校保安人员求助，千万不能给其带路，帮其找东西。

4. 大声呼叫，引起注意。同学们若是遇到有人强行说是自己父母、亲人，硬把自己拉走时，要立刻大声求救，引起周围人的注意。

5. 不去偏僻的地方玩耍。中小学生不要独自去无人的建筑物、废弃的大楼、空旷的楼顶玩耍，这些地方多数没有摄像头，人烟稀少，是犯罪分子心中最佳的作案地点。因此，中小学生不能在偏僻的地方玩耍。

中小学生在迷路时应该怎么做

1. 打电话求助。给父母或朋友打电话，告诉他们你的具体位置，让他们来接你。

2. 选择合适的对象问路。向周边饭馆服务员、保安、交警、民警寻求帮助，中小学生最好不要向陌生路人寻求帮助，以免碰到坏人。

3. 使用地图软件。除了打电话求助外，同学们还可以利用手机地图软件，根据地图的指示找到目的地。

4. 寻找最近公交站点。最近的公交站点可以很快地帮助同学们认清自己所在的位置，同时，同学们有可能会在公交站牌上找到自己熟悉的地点。

第五章

面对陌生人，巧妙防范很关键

在上学、放学路上，电梯里、家里，在网上，中小学生都有可能接触到陌生人。同学们无法判断一个陌生人是好人还是坏人。所以，为了保护同学们自身安全，同学们要学会巧妙应对各种场合的陌生人的技巧，如学校里的陌生人、电梯里的陌生人、旅途中的陌生人、网络里的陌生人等。

在学校遇到陌生人时怎么办

1. 不贪小便宜。不要购买陌生人在学校推销的所谓物美价廉的产品；不要贪小便宜吃大亏；不要相信陌生人所说的任何神秘莫测的东西，如高分密卷、减肥茶等。

2. 不去偏僻的角落。如果陌生人要去学校偏僻的地方，同学们千万不能独自带路。同时，同学们不能充当热情的导游，带陌生人游览学校，还与之攀谈。

3. 脚踏实地。中小学生在学习、生活中都应当脚踏实地，不盲目崇拜“名人”“能人”，不用歪门邪道获得高分。要吃苦耐劳、好好学习，要知道天下没有免费的午餐，一分耕耘一分收获。

独自在家时遇到陌生人怎么办

1. 把陌生人关在门外。中小学生独自在家时，要锁好所有的门、窗，无论是任何人敲门，都不搭理，把所有陌生人拦在门外。

2. 给父母打电话。如果中小学生独自在家，遇到陌生人敲门，感到害怕的话要立即给父母打电话告知情况，请求父母的帮助。

3. 不要与歹徒搏斗。遇到陌生人翻窗入室抢劫时，中小学生千万不要跟陌生人硬碰硬，要假装听从陌生人的指挥，以免自己的人身安全受到威胁。

独自乘坐电梯遇到陌生人时怎么办

1. 等对方先按楼层。中小学生独自乘坐电梯时，若遇见陌生人，一定要等对方先按楼层。

2. 站在报警按钮旁。中小学生若是与陌生人一同乘坐电梯，要站在报警按钮旁边，发生不测时立刻报警

3. 假装家里有人，告知自己在电梯。当同学们在电梯旁边看见陌生人时，可以假装在给父母打电话，大声告诉他们你正在电梯里，让他们给你开门。

4. 冲出电梯。发现陌生人时，中小学生不要与其交流，等电梯快要关闭时冲出电梯，看见小区里的熟人时，再跟他们一同乘坐电梯。

在面对“好心”的陌生人时怎么办

1. 保持警惕。无论陌生人以任何借口接近你、帮助你、送你回家、陪你玩，都不能对陌生人放松警惕，要时刻做好逃跑、呼救的准备。

2. 保持距离。同学们在与陌生人搭讪时，要保持一定的距离，不能给陌生人带路。如果对方故意靠得很近，同学们要向反方向后退，必要时可大声呼救。

3. 学会拒绝。中小学生在与“好心”的陌生人打交道时，要学会拒绝，拒绝陌生人的食物，拒绝陌生的好意。

4. 结伴而行。中小学生在上学、放学途中，要结伴而行，不要落单。中小学生独自一个人时，会难以抵制陌生人的“好心”，也很容易被“好心”的陌生人盯上。

不小心上了“黑出租”怎么办

1 . 打电话告诉父母具体位置，并让司机听见。中小学生上车时，不能直接倒头就睡，要注意提高警惕，注意观察车内环境和司机的行车路线，一旦觉得不对劲，立刻想办法告知家人。中小学生上车时，可以给爸爸妈妈发语音信息：“我把车牌号发给你啦，一会儿记得来接我哦！”发现行车路线不对时，可以与父母共享位置：“这是我的位置，你看着点，快到时来接我。”让司机明白父母知道你所乘坐的出租车的车牌号，而且随时掌握你的位置，这样司机就不敢载你去陌生的地方，也不敢轻易对你下手。

2. 找借口拒绝二次收费。一般情况下，乘客要到目的地才会付车费。有的司机非得乘客先给钱才载客，然后在一个陌生的路口以各种理由把你赶下车，妄图再收取二次费用。中小学生在遇到这种情况时，出于自身安全考虑，可以适当地向司机妥协，对司机加价表示理解，然后告知他自己身上确实没有钱了，等到了目的地让家人给他，并保证不告诉家人这件事。

3. 妥协自保。中小学生如果遇到上车就拿刀对你进行威胁的司机，不要与之对抗，要按照他的要求指示走，交出身上财物，尽量记住他的面貌、声音，如果被带到陌生地点时，不能大哭大叫，以免激怒对方。如果不能确定百分百能逃跑或者求救，就不要轻易地逃跑、求救，耐心等待警察的救援。

见陌生网友的注意事项

1. 不独自约见陌生网友。中小学生答应跟网友见面时，可以先跟父母商量，让父母陪着去；若是不敢告诉父母，也可以告诉自己的闺蜜、同学，带上他们去赴约，并提前告知要见面的网友。

2. 见面地点必须是人多的公共场合。中小学生与陌生网友见面时，一定要选择像麦当劳、购物广场、商场等公共场所，不要去小巷、夜店、KTV、酒店等地点。

3. 不在晚上见面。见面时间要选在白天，以防对方有不好的企图。

4. 不离席、不喝酒。与陌生网友吃饭期间，不要离席去洗手间，以防陌生网友对饮料、食物动手脚；不要与陌生网友喝酒。

5. 不搭乘对方车。选择公交车、地铁等公共交通工具。会见完之后，同学们不要乘坐对方的车，要选择公交、地铁等公共交通回家。

6. 穿着得体，不要太暴露。会见网友时，衣着要大方、得体，不宜穿太暴露的衣服，以免给对方造成错觉；也不能太随意、邋遢，以免让对方觉得你不尊重他，对你产生敌意。

第六章

防拐防骗，学会自我保护

有时候，你会发现有陌生人在跟踪自己；从某辆车旁路过时，被陌生人强行拉上车，不小心被坏人抓走，手脚都被捆住……我们希望每一个中小学生都拥有一定的自我保护意识，掌握这些知识会在关键的时刻发挥作用。

有人跟踪自己怎么办

1. 迅速观察环境。发现有人跟踪自己时，立刻观察周围环境，记住哪条路通、哪条路不通；哪儿人多、哪儿人少；自己离派出所有多远，附近有没有商场、超市等。

2. 甩开坏人。根据对环境的观察立刻行动，向人多的地方跑，或向派出所跑，千万不能往死胡同、小巷子、人烟稀少的地方跑。

3. 与父母联系。跑到人多的地方后，立即与父母联系，告诉父母事情的经过，让父母过来接自己。

4. 故意触动路旁车辆报警器。在跑的过程中，若是路旁车辆有报警器的话，报警器的声音可以给坏人一种震慑。

被人贩子强行拉上车该怎么办

1. 破坏物品，制造事端。中小学生如果被陌生人强行拉上车，可以故意破坏周围的物品，比如砸坏旁边车窗、损坏公共物品、破坏商家商品、抢夺行人钱包等，制造一些引人注目的、破坏性的事端，最好能让受害人报警。

2. 有指向性地求助。同学们在求救时不要盲目地喊“救命”，陌生的路人都有多一事不如少一事的心理，会害怕这是一个陷阱，不想主动去多管闲事，惹祸上身。而如果有指向性地喊（比如，那个戴眼镜的、穿白衬衫的叔叔）的话，听到的人会有使命感，会增加获救的概率。

3. 就地卧倒。中小学生可以就地卧倒，大声喊叫，如果旁边有建筑物的话，可以牢牢抱住建筑物。

4. 击对方要害部位，趁机逃跑。中小学生被人强行拉上车时，可以用脚或者手头的任何具有攻击性的工具攻击对方的要害部位，如眼睛等，然后，趁机向人群跑去。

坏人闯入家门时应怎么办

1. 冷静，不惊动坏人。坏人在作案时，心里难免会慌张，害怕暴露。如果这个时候同学们大喊大叫，让坏人受到惊吓，坏人会很容易失去理智，做出伤害同学们的行为。因此，在遇到坏人闯入家门作案时，同学们要冷静应对，不要惊吓到坏人。

2. 妥协，保护生命。同学们要时刻牢记生命第一，当坏人闯入家门时，不要企图与坏人搏斗，以防被坏人用所持刀具、利器伤害。告诉坏人财物的位置，取得坏人的信任，让其对你放松警惕，不采取过激行为。

3. 反锁门，悄悄报警。如果小偷进来时，你正在自己的房间，而小偷并不知道你在家，同学们要立刻反锁住自己房间的门，想办法报警。手头有手机时，立刻报警并通知父母；手头没有手机时，可以往楼下扔东西，引起其他人的注意，然后搬一些重物堵住门。

被绑到陌生地方时怎么办

1. 确定绑匪意图。在被绑匪绑架之后，同学们除了要注意绑匪人数之外，还要注意绑匪的对话，弄明白绑匪的意图：绑匪企图把你当作人质，向家人索要赎金；绑匪想要把你的器官卖了赚钱；绑匪是人贩子，专门拐卖儿童；等等。同时，还要注意绑匪随身携带的凶器，是否有枪支弹药等危险工具。

2. 观察周围环境。中小学生若是被绑匪绑到一个陌生的地方。如果周围空旷偏僻，一眼望去没有人烟，同学们就不要盲目地大声呼救或者企图逃跑，这样的环境逃脱的可能性几乎为零；如果是被绑在居民楼里，同学们可以通过向外扔字条的方式求救或者用东西敲击暖气管、下水道管引起别人的注意；如果在废弃的大楼里，同学们可以寻找大楼的下水道，试着从下水道逃走；如果是在山里，就要看具体环境。

3. 拖延通话时间。如果被绑作为人质，在绑匪让人质与亲属通话时，同学们要尽可能地暗示或透露自己所在的位置，尽量拖延通话时间，以便公安机关确定通话地点，及时解救。

被绑匪劫持时的注意事项

1. 不哭、不闹、不随便开口。如果同学们被绑匪劫持了，一定要保持冷静，不要跟绑匪斗争，不要大声哭闹，不要破口大骂，不要做任何可能惹恼绑匪的行为，以免对方一怒之下做出过激的行为。

2．观察周围环境。同学们逃跑之前，一定要先观察周围的环境，如果是空旷、偏僻的地方，同学们就不要冒险逃跑。

ལེའུ་དང་པོ།

སློབ་གྲྭའི་ནང་གི་བསྲུ་ཐབས། ཚིག་
འཛམ་རྒྱལ་གྱི་རྒྱ་ཆེར་གཟབ་དགོས།

སློབ་གྲྭ་འབྲིང་ཆུང་གི་སློབ་མ་ཞིག་ཡིན་པའི་ཆ་ནས། ཁྱོད་ཀྱིས་སློབ་རའི་ནང་དུ་ཁ་བསླུས་རྐུག་ཐབས་གཙོ་བོ་གང་དག་ཡོད་པ་ཤེས་སམ། འོ་ན་ཁ་བསླུས་རྐུག་སྟངས་དེ་རིགས་ལ་སྔོན་འགོག་ཇི་ལྟར་བྱ་དགོས་སམ། ཁྱོད་ཀྱི་སློབ་གྲོགས་ཚོས་ཁྱོད་རང་བསླུ་བྲིད་བྱེད་སྲིད་དམ། སློབ་གྲྭའི་ནང་དུ་དོགས་ཡོད་མི་སྣ་ཡོད་པ་ཤེས་སྐབས་ཇི་ལྟར་བྱེད་དགོས། རྐྱེན་མེད་ཀྱི་མིས་གདན་ཞུ་བྱས་ན་ཇི་ལྟར་བྱ་རྩིས་ཡོད་དམ།

སློབ་གྲྭའི་ནང་གི་རྒྱུན་མཐོང་གི་ཁ་བསླུས་རྐུག་སྟངས།

༡ དམིགས་བསལ་གྱི་ཐོབ་ཐང་ལ་བརྟེན་ནས་སློབ་གྲོགས་ཚོའི་ཡིད་ཆེས་ཐོབ་ཐབས་བྱེད་པ། ཁ་བསླུས་རྐུག་མཁན་ཁ་ཤས་ཀྱིས་མིང་བྱང་རྫུན་མ་དང་ཐོབ་ཐང་རྫུན་མར་བརྟེན་ནས་སློབ་གྲྭ་འབྲིང་ཆུང་གི་སློབ་མའི་ཡིད་ཆེས་ཐོབ་ཐབས་བྱེད་པ་དཔེར་ན། སློབ་གྲྭར་གསར་དུ་ཡོང་བའི་དགེ་རྒན་དང་། སློབ་གྲྭར་གཏམ་བཤད་གནང་བར་ཕེབས་མཁན་གྲགས་ཅན་མི་སྣ། ཡིག་མཁན་ཆེ་གེ་མོ། སློབ་གསོ་བ་ཆེ་གེ་མོ་སོགས་ལྟ་བུའི་ཐོབ་ཐང་རྫུན་མ་སྤྱད་ནས། སློབ་གྲོགས་ཚོའི་ཡིད་ཆེས་ཐོབ་ཐབས་བྱས་རྗེས། སློབ་གྲོགས་ཚོར་ཁ་བསླུས་རྐུག་འགོ་རྩོམ་པ་དཔེར་ན། སློབ་གྲོགས་ཚོའི་ཁྱིམ་ཚང་གི་ཆ་འཕྲིན་དང་ཕ་མའི་ལས་ཀ་སོགས་འདྲི་རྩད་བྱེད་པའོ།།

༢ ཨུ་ཚུགས་ཀྱིས་འབྲེལ་བ་འཛུགས་པ། ཁྲམ་པ་ཁ་ཤས་ཀྱིས་སློབ་གྲྭ་འབྲིང་ཆུང་གི་སློབ་མ་དང་གླེང་མོལ་ཞིག་བཙལ་རྗེས། ཕ་ཡུལ་གཅིག་པའམ་ཁྱིམ་མཚེས་སོགས་ཡིན་ཚུལ་གྱིས་འབྲེལ་ཐག་ཇེ་ཉེར་གཏོང་བ་མ་ཟད། རྒྱུན་དུ་སྙིས་དབང་གིས་འཕྲད་ཁུལ་བྱས་ཏེ་ཁ་གཡར་ས་སྣ་ཚོགས་ལ་བརྟེན་ནས་སློབ་མར་དངུལ་གཡར་རོགས་ཞེས་ཤོད་སྐབས། སློབ་མ་ལ་ལ་ངོ་གཅིག་མ་ཐོད་པ་དང་ལ་རྒྱུར་བསམས་ཏེ་ཕ་རོལ་པོར་གཡར་དགོས་འཁེལ་གྱི་ཡོད།

༣ འཕྲལ་དུ་རོགས་རམ་དགོས་མདོག་སྟོན་པ། ཁ་བསླུས་རྐུག་མཁན་ཁ་ཤས་ཀྱིས་འཕྲལ་དུ་རོགས་རམ་དགོས་མདོག་སྟོན་ཏེ། ཛ་དྲག་གི་རྣམ་པ་ཞིག་བཟོ་བ་དཔེར་ན། དངུལ་ཁུག

སློབ་གྲྭའི་ནང་བོར་སོང་ཟེར་བའམ། ཁྱིས་པ་སློབ་གྲྭའི་ནང་བོར་སོང་ཟེར་བ། ཡང་ན་ཟ་མ་ཟ་བྱེད་ཀྱི་དངུལ་མེད་ཅེས་སོགས་རྫུན་སྨྲ་བའོ། །

༤ ངན་པ་བཟང་པོར་བཤད། རྫུན་མ་བདེན་པར་བཤད། ཁྲམ་པ་ཁ་ཤས་ཀྱིས་སློབ་གྲྭ་འབྲིང་ཆུང་གི་སློབ་མའི་བདེན་རྫུན་དང་བཟང་ངན་དབྱེ་འབྱེད་ཀྱི་ནུས་པ་ཞན་པའི་ཞན་ཆ་བེད་སྤྱད་དེ། སློབ་མའི་ཉལ་ཁང་དུ་ཚོང་ཟོག་རྫུན་མ་འགྲེམ་ཚོང་དང་ཝུད་སྒྲོག་བྱས་ཏེ་ཉོ་རུ་འཇུག་གི་ཡོད།

ཁ་བསླུས་ཐེབས་རྒྱུར་ཐོན་འགོག་ཇི་ལྟར་བྱེད་དགོས།

༡ སློབ་གྲྭ་འབྲིང་ཆུང་གི་སློབ་མར་ཁ་བསླུས་འོག་མ་ཚུད་པ་བྱེད་པའི་འདུ་ཤེས་ཡོད་དགོས་ལ། རང་གི་ངོགས་ཟོན་གྱི་འདུ་ཤེས་ཟབ་ཏུ་བཏང་ནས་རང་སྲུང་བྱེད་ཤེས་པ་དགོས། སྤྱི་ཚོགས་ཀྱི་ཁོར་ཡུག་རྙོག་འཛིང་ཆེ་ཞིང་འགྱུར་ལྡོག་མང་བས། སློབ་གྲྭ་འབྲིང་ཆུང་གི་སློབ་མས་ངེས་པར་དུ་ཁོར་ཡུག་ལ་གང་མགྱོགས་བསྟུན་ཐུབ་པ་བྱས་ཏེ། རང་སྲུང་བྱེད་ཤེས་པ་བྱས་ཐོག། སློབ་གྲྭས་སྒྲིག་འཛུགས་བྱས་པའི་བདེ་འཇགས་ངོགས་ཟོན་དང་ཁྲིམས་ལུགས་སློབ་གསོའི་བྱེད་སྒོར་ཧུར་ཐག་དང་ཞུགས་ཏེ། ཁ་བསླུས་ཐོན་འགོག་སྐོར་ལ་རྒྱུས་མངའ་མང་ཙམ་ཡོད་པ་བྱེད་དགོས། ནམ་རྒྱུན་གྱི་འཚོ་བའི་ཁྲོད་དུ་སློབ་གྲྭ་འབྲིང་ཆུང་གི་སློབ་མས་ཁེ་ཕན་ཁོ་ན་དོན་

གཉེར་མི་བྱེད་པ་དང་། ཁ་བཟང་རག་ཐབས་བྱེད་མི་རུང་ཞིང་། གཅེས་སེམས་སྐྱེས་སུ་འབུལ་བ་དང་གཞན་ཕན་ལས་ལ་སྤྲོ་བའི་སྤྱོད་བཟང་དར་སྤེལ་གཏོང་བ་དང་ཆབས་ཅིག །ཁ་མཁས་ཚིག་འཇམ་ལ་འཕྲལ་དུ་ཡིད་ཆེས་བྱེད་མི་རུང་། དེ་བཞིན་རང་གི་ཁྱིམ་ཚང་གི་སྡོད་གནས་སོགས་ཀྱི་གནས་ཚུལ་གང་བྱུང་དུ་རྒྱུས་མེད་ཀྱི་མི་ལ་བཤད་ན་མགོ་སྐོར་འོག་ཚུད་ཉེན་ཆེ་བས་གཟབ་དགོས་ལ། གལ་ཏེ་དོགས་ཡོད་མི་སྣ་མཐོང་ཚེ་ངེས་པར་དུ་འཕྲལ་མར་སྙན་སེང་ཞུས་ཏེ་ཁྲམ་པར་ཐོག་དགོས་ངེས་ཀྱི་ཁྲིམས་ཆད་ཐོག་ཏུ་འཇུག་དགོས།

༢ རྒྱུན་དུ་ཚོར་སྣང་ལ་གཞིགས་ནས་བྱ་བ་བསྒྲུབ་མི་རུང་། གལ་ཏེ་སློབ་གྲྭ་འབྲིང་ཆུང་གི་སློབ་མས་བྱ་བ་སྒྲུབ་སྐབས་ནམ་ཡིན་ཡང་རང་ཉིད་ཀྱི་ཚོར་སྣང་གི་རྗེས་སུ་འབྲངས་ན་མགོ་སྐོར་ཐེབས་སླ། རྒྱུ་དངོས་མགོ་སྐོར་གཏོང་བ་ནི་ཁྲམ་པའི་དམིགས་ཡུལ་ཡིན་པས། ཕྱི་ཚུལ་ཐོག་ནས་གྲོགས་པོའི་ལ་རྒྱ་དང་བརྩེ་བ་གླེང་མཁན་དང་། ལྷག་པར་དུ་ངོ་ཤེས་མ་ཐག་པའི་ཕ་ཡུལ་གཅིག་པ་དང་གྲོགས་པོ། ཆག་སྒོ་བྱུང་མ་ཐག་པའི་མི་བཅས་ཀྱི་ཕྱི་ཚུལ་གྱི་རྣམ་པ་ཁོ་ནར་བལྟས་ནས་ཤེས་རབ་ཀྱི་མིག་དབང་སྒྲིབ་མི་རུང་ཞིང་སྒོ་ཀུན་ནས་བརྟག་དགོས། ངོ་ཤེས་མ་ཐག་པའི་མི་ལ་སེམས་གཏམ་ཡོད་ཚད་ཤར་མར་བཤད་མི་རུང་། གལ་ཏེ་ཁྱོད་ཀྱིས་ཕ་རོལ་པོས་ཐོབ་པར་འདོད་པའི་རྒྱུ་ནོར་གྱི་རེ་བ་དེ་ལུགས་དང་མི་མཐུན་པའམ་དོན་དངོས་དང་མི་མཐུན་པར་ཤེས་ན། དུས་ཐོག་ཏུ་བདེ་སྲུང་ཚན་པའམ་དགེ་རྒན་ལ་བཤད་ནས་གྲོང་གུན་མི་ཐོག་པ་བྱེད་དགོས། དེ་མིན་སློབ་གྲྭ་འབྲིང་ཆུང་གི་སློབ་མ་རྣམས་ཀྱིས་མགྲོན་པོར་ཡིད་གཟབ་བྱས་ཏེ། ཁོ་ཚོར་བྱ་དན་བསྒྲུབ་པའི་གོ་སྐབས་དང་དུས་ཚོད་མི་སྤྲོད་པ་སྟེ། མདོར་ན་ཕ་རོལ་པོར་གྲོད་གཞི་བཟོ་བའི་ཆ་རྐྱེན་བསྐྲུན་མི་རུང་།

༣ སློབ་གྲྭ་འབྲིང་ཆུང་གི་སློབ་མས་ཁ་བཟང་ཆུང་ཆུང་ལ་ཧམ་མི་རུང་ལ། གནམ་ནས་ཤ་བག་ལེབ་ཟག་མི་སྲིད་པའི་གནས་ལུགས་ཤེས་པར་བྱེད་དགོས། རྒྱུས་མེད་ཀྱི་མིས་ཁྱོད་ལ་ཁེ་བཟང་རག་པའི་ཁས་ལེན་བྱེད་སྐབས་བསམ་གཞིག་ནན་པོ་བྱེད་དགོས། རྒྱུན་གཏན་གྱི་གནས་ཚུལ་འོག་ཡིད་ཆེས་ཐོབ་ཐབས་བྱེད་པ་དང་རྒྱུ་ནོར་གཡོ་ལེན་བྱེད་པ་ནི་ཁྲམ་པའི་བསླུ་ཐབས་

གཉིས་ཡིན་ཞིང་། དང་པོ་དེ་དེ་བས་གལ་འགངས་ཆེ། ཁྱོད་ཀྱི་ཡིད་ཆེས་ཐོབ་པའི་ཆེད་དུ་ཁྲམ་པས་ཁྱོད་ལ་ཕན་ཐོགས་ཆེ་བའི་ཚ་རྐྱེན་ཁ་ཤས་འདོན་སྤྲོད་བྱེད་སྲིད་པས་ཁེ་བཟང་དང་རྒྱུ་ནོར་ལ་མ་ཏམ་པར་ཞིབ་པར་བརྟག་དགོས།

༩ སློབ་གྲྭ་འབྲིང་ཆུང་གི་སློབ་མས་རང་འགུལ་ངང་སློབ་གྲྭའི་དོ་དམ་དང་སྒྲིག་སྲོལ་ལ་བརྩི་སྲུང་ཞུ་དགོས། སློབ་གྲྭས་དོ་དམ་ལམ་ལུགས་དང་སྒྲིག་སྲོལ་རབ་དང་རིམ་པ་བཟོས་ནས། སློབ་གྲྭ་ཆུང་འབྲིང་གི་སློབ་མའི་བྱ་སྤྱོད་ལ་ཚོད་འཛིན་ལག་བསྟར་བྱེད་སྐབས་ང་ཚོར་སྟབས་མི་བདེ་བ་བཟོ་སྲིད། འོན་ཀྱང་ལམ་ལུགས་དེ་དག་ནི་མེད་དུ་མི་རུང་བ་ཞིག་རེད། དེས་མ་ཟད་སློབ་གྲྭ་མང་ཆེ་བའི་དོ་དམ་ལམ་ལུགས་ནི་ཉེས་ཅན་པ་དང་མི་གང་བྱུང་སློབ་གྲྭའི་ནང་འཛུལ་ནས་བྱུས་ཉེས་གསོག་པ་སྔོན་འགོག་བྱེད་ཆེད་བཟོས་པ་ཡིན་ཞིང་། དེས་སློབ་མའི་ལུགས་མཐུན་ཁེ་དབང་དང་སློབ་གྲྭའི་སྒྲིག་ལམ་ལ་སྲུང་སྐྱོང་བྱེད་ཐུབ་པས། ང་ཚོས་ངེས་པར་དུ་སློབ་གྲྭའི་འབྲེལ་ཡོད་གཏན་འབེབས་ལག་བསྟར་ནན་ཏན་བྱ་དགོས་པ་མ་ཟད། འབྲེལ་ཡོད་སྡེ་ཁག་གི་དོ་དམ་འགན་ཉུས་ལ་རྒྱབ་སྐྱོར་ཧུར་ཐག་ཞུ་དགོས།

ཇི་ལྟར་བྱས་ནེ་མགོ་སྐོར་བསླུ་བྲིད་འོག་མ་ཚུད་པ་བྱེད་དགོས།

སློབ་གྲྭ་འབྲིང་ཆུང་གི་སློབ་མའི་བཟང་ངན་དབྱེ་འབྱེད་ཀྱི་ནུས་པ་ཞན་པས། ངེས་པར་དུ་དེ་འབྲེལ་གྱི་སྔོན་འགོག་ལས་དོན་ཡག་པོ་སྒྲུབ་དགོས།

༡ མགོ་སྐོར་བསླུ་བྲིད་འགོག་པའི་སློབ་གསོ། དུས་རྒྱུན་དུ་ཕྲུ་གུར་ཆ་རྐྱུས་མེད་པའི་མི་དང་སྐད་ཆ་བཤད་མི་རུང་ལ་ཆ་རྐྱུས་མེད་པའི་མིས་སྤྲད་པའི་ཟས་ཟ་མི་རུང་བ་སོགས་ཀྱི་སློབ་གསོ་གཏོང་དགོས། དེ་ལྟར་ཕྲུ་གུར་ཡང་དང་བསྐྱར་དུ་དྲན་སྐུལ་བྱས་ཏེ་ཀློད་པའི་ནང་འཇགས་སུ་བཅུག་ན་མགོ་སྐོར་བསླུ་བྲིད་འོག་ཚུད་ཚད་ཉུང་དུ་གཏོང་ཐུབ།

༢ རང་སྐྱོབ་འདུ་ཤེས། དུས་རྒྱུན་འཚོ་བའི་ཁྲོད་དུ་ཕྲུ་གུར་རང་སྐྱོབ་ཀྱི་འདུ་ཤེས་འཇགས་ཐབས་བསླབས་ཏེ་རང་སྐྱོབ་བྱེད་ཐབས་ཤེས་པར་བྱེད་དགོས།

༣ ཚོང་ར་དང་ཚལ་ཁྲིམ་སོགས་མི་མང་འདུ་ཁུལ་དུ་ཕྲུ་གུ་ཕ་མའམ་ལྟ་སྐྱོང་པའི་མིག་འོག་ནས་མ་འབྲལ་བ་བྱེད་དགོས་ལ། ལྷག་པར་དུ་ཆ་རྐྱུས་མེད་པའི་མིས་སེམས་རྩ་འཕོལ་མདོག་ཁ་པོ་བྱེད་སྐབས་སྣང་འཇོག་བྱེད་དགོས།

༤ སློབ་གྲྭ་འབྲིང་ཆུང་གི་སློབ་མས་སློབ་གྲྭ་གྲོལ་རྗེས་གཅིག་པུར་སློབ་གྲྭའི་སྒོ་འགྲམ་དུ་ལངས་མི་རུང་། གལ་ཏེ་ཁྱིམ་བདག་གིས་བསུ་བར་ཡོང་རྒྱུ་སྒུག་དགོས་ཚེ། དགེ་རྒན་དང་

བདེ་སྲུང་པའི་སྲུང་སྐྱོབ་ཡོད་དགོས་ཤིང་། དམིགས་བསལ་གྱི་གནས་ཚུལ་འཕྲད་སྐབས་སྔོན་ལ་བདེ་སྲུང་ཁང་དུ་འབྲེལ་གཏུགས་བྱེད་དགོས།

༥ སློབ་གྲྭ་འབྲིང་ཆུང་གི་སློབ་མས་རབ་བྱུང་ན་ཆ་རྐྱུས་མེད་པའི་ས་ཆར་རྩེད་མོ་རྩེ་བར་འགྲོ་མི་ཉུང་། གལ་ཏེ་ཡིན་གཅིག་འགྲོ་དགོས་ཚེ་རོགས་པ་ཡོད་དགོས།

༦ གལ་ཏེ་ཁྱེད་རང་མི་མང་འདུ་ཁུལ་དུ་ལམ་ནོར་ཐེབས་ན། དངངས་སྐྲག་མ་བྱས་པར་འཕྲལ་དུ་ཉེ་འཁོར་གྱི་ལས་གོས་གྱོན་པའི་ལས་དོན་མི་སྣར་རོགས་སྐྱོབ་གནང་རོགས་ཞུ་དགོས་ཤིང་། དགོས་པ་ཡོད་ཚེ་༡༡༠ལ་ཁ་པར་བརྒྱབ་ནས་ཉེན་རྟོག་པར་སྙན་སེང་ཞུ་དགོས་པ་ལས། གཅིག་པུར་གང་བྱུང་དུ་འགྲོ་མི་ཉུང་།

རོགས་ཡོད་མི་སྣ་ཡིན་མིན་དབྱེ་འབྱེད་ཇི་ལྟར་བྱེད་དགོས།

༡ སློབ་ཚན་འཚོགས་སྐབས་སློབ་རའི་ནང་འཁྱམ་བཞིན་པའི་ཆ་རྐྱུས་མེད་པའི་མི། དེ་ཡང་སྤྱིར་ན་སློབ་ཚན་འཚོགས་སྐབས་སློབ་རའི་ནང་སྤྱིར་བཏང་བྱས་ན་ཆ་རྐྱུས་མེད་པའི་མི་འཁྱམ་ཉུལ་བྱེད་མི་སྲིད། གལ་ཏེ་དམིགས་ཡུལ་མེད་པའི་མི་མཐོང་ཚེ། དུས་ཐོག་ཏུ་ཨ་ཁུ་བདེ་སྲུང་བའམ་ཐན་ལགས་ལ་སྙན་སེང་ཞུས་ནས་ཕོ་ཆོར་ཐག་གཅོད་བྱེད་རོགས་ཞུ་དགོས།

༢ གྲི་དང་སྐམ་པ། ལྕགས་རིགས་ཀྱི་ལག་ཆ་སོགས་ཁྱེར་བའི་མི། དེ་ཡང་སྤྱིར་བཏང་བྱས་ན། སློབ་གྲྭ་འབྲིང་ཆུང་ལ་རང་ཉིད་ཀྱི་མགོ་སྐྱབ་པུའུ་ཡོད་ཅིང་། མགོ་སྐྱབ་པུའུ་ཡི་ལས་མིས་མ་གཏོགས་གྲི་དང་སྐམ་པ། ལྕགས་རིགས་ཀྱི་ལག་ཆ་སོགས་ཁྱེར་མི་སྲིད་ལ། མ་ཟད་ཕོ་ཚོས་ལག་ཆ་འདི་དག་ཁྱེར་ཏེ་སློབ་རའི་ནང་གང་བྱུང་དུ་འཁྱམ་ཉུལ་བྱེད་མི་སྲིད། གལ་ཏེ་སློབ་གྲོགས་ཚོས་ཆ་རྐྱུས་མེད་པའི་མིས་ལག་ཆ་འདི་རིགས་ཁྱེར་ཏེ་སློབ་རའི་ནང་འཁྱམ་ཉུལ་བྱེད་པ་མཐོང་ཚེ། དུས་ཐོག་ཏུ་བདེ་སྲུང་ཚན་ཁག་གམ་ཐན་ལགས་ལ་སྙན་སེང་ཞུ་དགོས།

༣ ཀང་བཙུགས་ནས་སློབ་རའི་བདེ་སྲུང་སྐོར་གཡེང་མི་སྣར་གཡོལ་མཁན་གྱི་ཆ་རྐྱུས་མེད་པའི་མི། དེ་ཡང་ད་ལྟའི་སློབ་གྲྭ་འབྲིང་ཆུང་ཚང་མར་བདེ་སྲུང་སྐོར་གཡེང་བྱེད་མཁན་ཡོད། གལ་

ཏེ་སློབ་གྲོགས་ཚོས་སློབ་གྲྭའི་ནང་དུ་ཆ་རྒྱུས་མེད་པའི་མིས་རྐང་བཙུགས་ནས་སློབ་རའི་བདེ་སྲུང་སྐོར་གཡེང་བར་གཡོལ་བ་མཐོང་ཚེ། དུས་ཐོག་ཏུ་བདེ་སྲུང་ཚན་ཁག་ལ་སྙན་སེང་ཞུ་དགོས།

༥ ཉལ་ཁང་དུ་ཐོན་རྫས་འགྲེམ་ཚོང་དང་བཟ་ཁྲབ་སྤེལ་མཁན་གྱི་ཆ་རྒྱུས་མེད་པའི་མི། དེ་ཡང་ཉལ་ཁང་དུ་འཛུལ་ནས་ཐོན་རྫས་འགྲེམ་ཚོང་དང་བཟ་ཁྲབ་སྤེལ་མཁན་གྱི་ཆ་རྒྱུས་མེད་པའི་མི་ཡིན་ཕྱིན། དོགས་ཡོད་མི་སྣང་བཅིས་ཏེ་ཁ་བསླུས་རྒྱག་པའམ་རྐུ་འཕྲོག་བྱེད་པར་གཟབ་དགོས།

རང་ལུས་ཀྱི་བདེ་འཇགས་ལ་སྲུང་སྐྱོབ་ཇི་ལྟར་བྱེད་དགོས།

༡ སློབ་གྲྭ་གྲོལ་རྗེས་ལམ་བར་དུ་གཡེངས་ནས་སྡོད་མི་རུང་། སློབ་གྲྭ་གྲོལ་རྗེས་སློབ་མ་རྣམས་ཐད་ཀར་རང་ཁྱིམ་དུ་ལོག་དགོས་པ་ལས། གཅིག་པུར་མི་མེད་པའི་ལམ་དུ་འགྲོ་བའམ་རྩེད་མོ་རྩེ་བར་འགྲོ་མི་རུང་།

༢ ཆ་རྒྱུས་མེད་པའི་མི་ལ་དོགས་ཟོན་བྱེད་དགོས། མགོ་སྐོར་གཏོང་མཁན་གྱིས་རྟག་ཏུ་རོགས་རམ་དགོས་མདོག་གིས་སློབ་གྲྭ་འབྲིང་ཆུང་གི་སློབ་མའི་སེམས་བཟང་དང་དོགས་ཟོན་གྱི་བསམ་པ་དམན་པའི་ཞན་ཆར་བརྟེན་ནས་ངན་སྐུལ་བྱེད་བཞིན་ཡོད། དེའི་སྐབས་ང་ཚོས"མིན"ཞེས་བཤད་ཤེས་པ་དགོས། གལ་ཏེ་ཕ་རོལ་པོར་དངོས་གནས་རོགས་རམ་དགོས་ན། མི་ཆེན་པ་འཚོལ་དུ་འཇུག་དགོས། དེའི་སྐབས་ང་ཚོས་ལམ་སྟོན་བྱེད་རོགས་བྱས་ཆོག་མོད། འོན་ཀྱང་ཕོ་པ་དང་མཉམ་དུ་འགྲོ་བའམ་ཕོ་པའི་རླངས་འཁོར་ནང་གནས་ནས་སྡོད་མི་རུང་།

༣ ཆ་རྒྱུས་མེད་པའི་མིས་སྤྲད་པའི་ཅ་དངོས་ལེན་མི་རུང་། ཆ་རྒྱུས་མེད་པའི་མིས་སྤྲད་པའི་བཏུང་བྱ་དང་ཟས་རིགས། ལག་རྟགས་སོགས་གཏན་ནས་ལེན་རྒྱུ་མེད། གལ་ཏེ་ཆ་རྒྱུས་མེད་པའི་མིས་སེམས་རྩ་འཁོལ་མདོག་ཁ་པོ་བྱས་ཚེ་སྣང་འཛོག་བྱེད་དགོས། རྒྱུན་གཏན་གྱི་གནས་ཚུལ་འོག་མི་ཆེན་པས་རྒྱུ་རྐྱེན་གང་ཡང་མེད་པར་དངུལ་དང་ལག་རྟགས་སོགས་སྤྲོད་མི་སྲིད།

༤ ཐབས་ཇུས་ཡང་དག་སྤྱད་དེ་ཕ་རོལ་པོར་ཁོང་ཁྲོ་མི་སློང་བ། བཙན་ཁྲིད་བྱས་མ་ཐག་ཉེས་ཅན་པ་དག་དངངས་སྐྲག་ལང་བཞིན་པའི་སྐབས་ཡིན་པས། གལ་ཏེ་དེའི་སྐབས་སྐད་ཆེན་པོ་རྒྱག་པ་དང་། ཕར་ལ་རྒོལ་བའི་སྒྱུར་བ་བརྩམས་ན། ཕ་རོལ་པོ་ཁྲོས་ནས་བཙར་རྡུང་གཏོང་ཉེན་ཡོད། དེར་བརྟེན་དགྲ་སྟོབས་ཆེ་ཞིང་རང་སྟོབས་ཞན་པའི་གནས་ཚུལ་འཕྲད་སྐབས་ཕ་རོལ་པོ་དང་འཐབ་པར་མི་འཚམ་པས། བློ་གྲོས་ལ་བརྟེན་ནས་དཀའ་གནད་ལས་ཐར་ཐབས་བྱེད་དགོས།

༥ སེམས་རྣལ་དུ་ཕབ་ཅིང་རིག་པ་དྭངས་གསལ་དགོས། སློབ་གྲྭ་འབྲིང་ཆུང་གི་སློབ་མ་བཙན་ཁྲིད་བྱས་རྗེས། ཐབས་ཤེས་སྣ་ཚོགས་ལ་བརྟེན་ནས་སེམས་རྣལ་དུ་ཕབ་ཅིང་རིག་པ་དྭངས་གསལ་ཡོང་བ་བྱས་ཐོག །བཙན་ཁྲིད་བྱས་རིམ་རྣམས་ཡིད་ལ་བཟུང་ནས་ཉེན་རྟོག་པའི་སྲོག་སྐྱོབ་དང་རྟོག་ཞིབ་ལ་སྟབས་བདེ་བསྐྲུན་ཏེ། རང་ཉིད་ཐར་ཐབས་བྱེད་དགོས།

༦ རྟགས་རྒྱག་ཤེས་པ། བཙན་ཁྲིད་བྱས་པའི་བརྒྱུད་རིམ་ནང་ལམ་མདོ་ཆེན་པོ་སོགས་ས་ཆ་གལ་ཆེ་ཁག་ཏུ་སླེབས་སྐབས། ལུས་ཐོག་གི་དངོས་པོ་གང་རུང་བསྐྱུར་ནས་རང་ཉིད་འཚོལ་བདེ་ཡོང་ཆེད་ཁུངས་སྣེ་འཇོག་དགོས།

༧ བྲོས་འགྲོ་སྐབས་ངེས་པར་དུ་བློ་ཐག་ཆོད་པོ་བྱེད་དགོས། གལ་ཏེ་བྲོས་འགྲོ་བའི་གོ་སྐབས་བྱུང་ན། ངེས་པར་དུ་བློ་ཐག་ཆོད་པོས་བྲོས་དགོས། འོན་ཀྱང་དེ་ལྟ་བུའི་གོ་སྐབས་ནི་ཧ་ཅང་དཀོན། སྤྱིར་བཏང་དུ་བཤད་ན། འོད་ཡོད་པ་དང་མི་མང་སར་བརྒྱུགས་ནས་རང་ཉིད་ཉེན་ཁའི་གནས་ལས་ཐར་གང་ཐུབ་བྱེད་དགོས།

ལེའུ་གཉིས་པ།

ཁྲམ་པའི་ཁྲམ་རྒྱལ་སྣ་ཚོགས་འགོག་པར་དཀའ་བས་ཡིད་གཟབ་གྱིས།

རིན་མི་དགོས་པར་བྱ་དགའ་འཐེན་ཆོག་ཅེས་ཐོས་མ་ཐག་སློབ་གྲོགས་ཚོའི་ལག་པ་ཟ་འཕྲུག་ལངས་པར་གྱུར་ནས་ཚོད་ལྟ་ཞིག་བྱེད་འདོད་པར་གྱུར་ཏམ། སྤྱི་སྤྱོད་རླངས་འཁོར་ནང་དུ་རྐུན་མ་འདུག་ཅེས་སྐད་ཅོར་ཆེན་པོ་བརྒྱབ་ན། སློབ་གྲོགས་ཚོས་རང་ཉིད་ཀྱི་དངུལ་ཁུག་ལ་བདག་པོ་རྒྱག་ཐུབ་བམ། ལམ་འགྲམ་གྱི་ཆ་རྒྱུས་མེད་པའི་མི་ཞིག་གིས་ཤོག་སྐོར་རེ་གཉིས་བསྒྲུགས་ཏེ་གནས་ཤིག་བཙལ་ནས་ཁྱོད་ལའང་བགོ་འདོད་ཡོད་ཅེས་བཤད་ན། དེར་ཇམ་ནས་ཕ་རོལ་པོའི་རྗེས་སུ་འགྲོ་སྲིད་དམ། ...... སྤྱི་ཚོགས་ཐོག་གི་རྒྱུན་མཐོང་གི་མགོ་སྐོར་གཏོང་ཐབས་དེ་དག་ཁྱོད་ཀྱིས་དབྱེ་འབྱེད་ཐུབ་བམ།

རིན་མེད་དུ་བྱ་དགའ་འཐེན་པ་ཞེས་པའི་རྒྱབ་ཏུ་གབ་པའི་ཉེན་ཁ།

༡ བྱ་དགའ་ཐོབ་མདོག་ཁ་བའི་སྣང་ཚུལ་རྫུན་མ། གྲངས་ཀ་མང་པོ་ལ་བྱ་དགའ་ཐོབ་ཀྱང་དེའི་ཁྲོད་ཀྱི་གྲངས་ཀ་གཅིག་ལ་མ་གཏོགས་དངུལ་སྤྲོད་མི་དགོས་པ། བྱ་དགའ་ཐོབ་པའི་ཨང་གྲངས་ལ་སྤུས་ཞན་ཚོང་ཟོག་ཁ་ཤས་ཐོབ་པ་སྟེ། དཔེར་ན་མེ་ཆ་དང་། སྐྲ་ཤད། སྐྲ་འཁྲུད་ཆུ། གློག་གསོག་འབོ་སོགས་ལྟ་བུ། གལ་ཏེ་བྱ་དགའ་མ་ཐོབ་ན་དངུལ་སྤྲོད་དགོས། ཁྲམ་པས་བྱ་དགའ་ཐོབ་པའི་ཨང་གྲངས་མང་ཞིང་། བྱ་དགའ་མ་ཐོབ་པའི་ཨང་གྲངས་གཅིག་མ་གཏོགས་མེད་ཁུལ་གྱིས། ཕར་བལྟས་ན་བྱ་དགའ་ཐོབ་མདོག་ཁ་པོ་ཡོད་མོད། འོན་ཀྱང་བྱ་དགའ་འཐེན་མཁན་གྱིས་དངུལ་སྤྲོད་དགོས་པའི་ཨང་གྲངས་ཁོ་ན་ལས་འཐེན་མི་ཐུབ།

༢ བྱ་དགའ་འཛིན་ན་བྱ་དགའ་ཆེན་པོ་ཞིག་ཐོབ་སྲིད་མོད། ཐོབ་རྗེས་རིན་པ་ཁ་གསབ་བྱེད་དགོས། བྱ་དགའ་འཛིན་པའི་བྱེད་སྒོའི་ནང་ཞུགས་ཆེ་བྱ་དགའ་ཆེན་པོ་ཐོབ་ཐུབ། སྤྱིར་བཏང་དུ་བྱ་དགའ་ཆེན་པོ་ཐོབ་མཁན་ཚང་མས་རིན་པ་ཁ་གསབ་བྱས་ན་ད་གཟོད་བྱ་དགའ་ལེན་ཐུབ་པ་ལས། རིན་པ་མི་དགོས་པའི་བྱ་དགའི་དངོས་ཟས་དེ་དག་གཏན་ནས་འཛིན་མི་ཐུབ།

༣ རིན་པ་ཁ་གསབ་དང་བཙན་ཤེ་བཙན་འཚོང་། བྱེད་སྒོའི་ནང་ཞུགས་རྗེས་ཚོང་ཟོག་ག་གེ་མོ་ཞིག་རིན་གོང་མྱེད་ཀ་བྱས་ནས་བྱ་དགའ་ཐོབ་མཁན་ལ་བཙན་ཤེད་ཀྱིས་བཙོངས་ཤིང་། དེའང་སྤུས་ཚད་ལ་འགན་ལེན་མེད་ཁར། རིན་གོང་མཐོ་བ་དང་མ་ཉོས་ན་རང་དགར་འགྲོར་མི་འཇུག།

༤ བྱ་དགའ་ཐོབ་པ་ནི་སྣང་ཚུལ་རྫུན་མ་ཞིག་སྟེ། བྱ་དགའ་ཐོབ་མཁན་ཕོ་ཚོའི་ནང་ཁུལ་གྱི་རོགས་པ་ཤ་སྟག་ཡིན། སློབ་གྲྭ་འབྲིང་ཆུང་གི་སློབ་མས་མི་གཞན་ལ་བྱ་དགའ་ཐོབ་པ་མཐོང་རྗེས། བྱ་དགའ་ལེན་པའི་སྣང་ཚུལ་དེ་དག་ལ་མགོ་སྐོརངས་ནས་རང་ཉིད་ལའང་ཁ་བཟང་རག་ཐུབ་པ་འདུག་སྙམ་ནས་བྱ་དགའ་འཛིན་པའི་བྱ་འགུལ་ཁྲིད་ཞུགས་ཀྱི་ཡོད། བསམ་ཡུལ་ལས་འདས་པ་ཞིག་ལ་བྱ་དགའ་འཛིན་པའི་སྣང་ཚུལ་དེ་དག་ནི་ཁྲིམས་འགལ་གྱི་དོགས་ཡོད་ཉེས་ཅན་པས་བཟོས་པའི་འཁྲུལ་སྣང་ཙམ་ཡིན་པ་མ་གཏོགས། བྱ་དགའ་ཐོབ་མཁན་དག་དོན་དངོས་ཐོག་ཕོ་ཚོའི་ནང་ཁུལ་གྱི་རོགས་པ་ཡིན་པ་ཤེས་ཀྱི་མེད་ཅིང་། དམིགས་ཡུལ་ནི་ཁྱོད་རང་བྱེད་སྒོའི་ནང་ཞུགས་སུ་འཇུག་རྒྱུ་དེ་རེད།

ཉེས་ཁག་དཀྲི་བ་ཇི་ལྟར་འགོག་དགོས།

༡ འཚོང་ཁ་ཚ་བའི་ལམ་དུ་ཡིད་གཟབ་བྱེད་དགོས། ཉེས་ཁག་དཀྲི་བའི་ཀྱོད་དོན་མང་པོ་ཞིག་འཚོང་ཁ་ཚ་བའི་ལམ་དུ་ཐོན་ཅིང་། འཚོང་ཁ་ཚ་བ་དེས་ཉེས་ཁག་དཀྲི་མཁན་ལ་སྐབས་བདེ་བསྐྲུན་ཡོད། དེར་བརྟེན་སློབ་གྲྭ་འབྲིང་ཆུང་གི་སློབ་མ་རྣམས་ས་ཆ་དེ་རིགས་ལ་འགྲོ་སྐབས་ངེས་པར་དུ་དོགས་ཟོན་ཆེར་བསྐྱེད་བྱེད་དགོས། གལ་ཏེ་ཉེས་ཁག་དཀྲི་མཁན་འཕྲད་

ཚེ་གང་ཐུབ་ཅི་ཐུབ་ཀྱིས་དཔང་མི་ཉར་དགོས།

༢ ཉེས་ཁག་དཀྲི་མཁན་གྱིས་ཁྱོད་ལ་སྐྱིན་ཚབ་འཇལ་དགོས་པའི་རེ་བ་འདོན་སྐབས། ཁྱོད་ཀྱིས་ཕ་ཚ་དང་མཉམ་དུ་མངག་གཏོང་ཁང་ལ་རྒྱུ་མཚན་ཤོད་པར་འགྲོ་དགོས་པ་ལས། ནང་ཁྲུལ་ཐག་གཅོད་བྱས་ན་ཕ་ཚའི་གཡོ་འཁོག་ཏུ་ཚུད་ངེས་རེད། ཉེས་ཁག་དཀྲི་མཁན་གྱིས་རྒྱུན་པར་སློབ་གྲྭ་འབྲིང་ཆུང་གི་སློབ་མ་རྣམས་ཀྱི་བློ་ཁོག་ཆུང་བ་དང་རྙོག་དྲ་ལ་བསྲུན་པའི་རང་གཤིས་དེ་བེད་སྤྱོད་ནས་མགོ་སྐོར་གཏོང་གི་ཡོད། དེར་བརྟེན་རྣམ་ཀུན་ཉེས་ཁག་དཀྲི་མཁན་དང་འཕྲད་སྐབས་ཉེན་རྟོག་པར་སྣན་སེང་ཞུ་དགོས། ཕ་ཚས་ཁྱོད་ཀྱིས་ཉེན་རྟོག་པར་སྣན་སེང་ཞུས་པ་མཐོང་རྗེས་གཉའ་ཚག་ནས་ཁྲིམས་འགལ་གྱི་བྱ་སྤྱོད་སྤེལ་མཚམས་འཇོག་གི་རེད། ལྷག་པར་དུ་ཆེད་དུ་མགོ་སྐོར་གཏོང་ཐབས་དེ་རིགས་སྤྱོད་མཁན་དང་ཐུག་སྐབས་བྱེད་ཐབས་འདི་སྤྱོད་སྒོ་ཤིན་ཏུ་ཆེ།

༣ མི་གཉིས་གསུམ་མཉམ་དུ་འགྲོགས་ནས་ཡ་རབས་ངང་ལམ་དུ་བསྐྱོད་དགོས། སློབ་གྲྭ་འབྲིང་ཆུང་གི་སློབ་མ་རྣམས་གྲོགས་པོ་དང་འགྲོགས་ནས་འགྲོ་དགོས་ཤིང་། འགྲོ་ལམ་ཐོག་ཟིང་སློང་བ་དང་། རྒྱུག་ཤར་སློད་པ། གང་བྱུང་དུ་ལམ་འགྲམ་གྱི་ཚོང་ཟོག་ལ་རེག་པ། ལམ་དུ་དུས་ཡུན་རིང་པོ་འདུག་པ་སོགས་བྱེད་མི་རུང་།

རྐུན་ཁག་དཀྲི་མཁན་ཐུག་སྐབས་ང་ཚོས་ཇི་ལྟར་བྱེད་དགོས།

༡ ནང་ཁྲུལ་ཐག་གཅོད་མ་བྱས་པར་ཐད་ཀར་ཉེན་རྟོག་པར་སྣན་སེང་ཞུ་དགོས། ཁྲམ་པ་དེ་རིགས་ཀྱིས་བྱས་ཉེས་གསོག་ཡུལ་རྙེད་སྐབས་རང་ཉིད་ཀྱི་དངོས་པོ་ག་གེ་མོ་ཞིག་ཁྱོད་ཀྱིས་བརྐུས་པ་མ་ཟད། ཕོ་པ་རང་ཉིད་ཀྱིས་འཕྲལ་དུ་ཤེས་ཁྲུལ་བྱས་ནས། དོན་དག་ཆེ་རུ་གཏོང་མི་འདོད་པས་ནང་ཁྲུལ་ཐག་གཅོད་བྱེད་དགོས་ཞེས་ཁྱོད་རང་ལ་སྐྱིན་ཚབ་འཇལ་དུ་འཇུག་པའམ་ཡང་ན་ཁྱོད་རང་མི་མེད་ས་ཞིག་ཏུ་འཁྲིད་ཀྱི་རེད། གལ་ཏེ་སློབ་གྲོགས་རྣམས་ལ་གནས་ཚུལ་དེ་རིགས་འཕྲད་ཚེ་ནང་ཁྲུལ་ཐག་གཅོད་བྱེད་མི་རུང་ཞིང་། ལྟ་རུབ་རྒྱག་མཁན་གྱི་མདུན་

དུ་ངེས་པར་དུ་གདེང་ཚོད་ཆེན་པོས། ཁྲིམས་པ་དེར་ཐད་ཀར་ཉེན་རྟོག་ཕྱོགས་ལ་ཐག་གཅོད་གནང་རོགས་ཞུ་ཡི་ཡིན་ཞེས་ཤོད་དགོས།

༢ རླངས་འཁོར་གྱི་ཁ་ལོ་བར་ཉེ་འདབས་ཀྱི་སྤྱི་བདེ་མངག་གཏོང་ཁང་ངམ་མི་དམངས་ཉེན་རྟོག་པའི་ལས་ཡུལ་དུ་རླངས་འཁོར་གཏོང་རོགས་ཞེས་རེ་བ་ཞུས་ཏེ། ཉེན་རྟོག་པར་ཐག་གཅོད་གནང་རོགས་ཞུ་དགོས། གལ་ཏེ་སྤྱི་སྤྱོད་རླངས་འཁོར་ནང་རྐུན་ཁག་དགྲི་མཁན་འཕྲད་ཚེ་སློབ་གྲོགས་ཚོས་མི་ངན་གྱི་རྗེས་སུ་མི་འབྲང་བར། ཁ་ལོ་བར་ཉེ་འདབས་ཀྱི་སྤྱི་བདེ་ཅུས་སམ་མི་དམངས་ཉེན་རྟོག་པའི་ལས་ཡུལ་དུ་རླངས་འཁོར་གཏོང་རོགས་ཞེས་རེ་བ་ཞུས་ཏེ། ཉེན་རྟོག་པར་ཐག་གཅོད་གནང་རོགས་ཞུ་དགོས།

༣ གནས་ཚུལ་ཆེ་ཙ་བཏང་སྟེ་མི་གཞན་གྱིས་དོ་སྣང་བྱེད་དུ་འཇུག་པའམ་ཉེན་རྟོག་པས་ཤེས་སུ་འཇུག་དགོས། གལ་ཏེ་སློབ་གྲྭ་འབྲིང་ཆུང་གི་སློབ་མར་ཁྲིམས་གཞུང་ངམ་མི་མང་འདུས་སར་རྐུན་ཁག་དགྲི་བའི་གནས་ཚུལ་ཐུད་ནས་བདེན་པ་ཤོད་ས་མེད་པར་འགྱུར་བའི་སྐབས། ཉེ་འཁོར་གྱི་རླངས་འཁོར་གྱི་ཤེལ་སྒོ་གཅོག་པའམ་འགྲམ་གྱི་ཚོང་ཁང་ནང་གི་ཚོང་ཟོག་གཅོག་པའི་བྱེད་ཐབས་ལ་བརྟེན་ནས་དོན་དག་ཆེ་ཙ་བཏང་སྟེ་ཉེན་རྟོག་པར་ཐག་གཅོད་བྱེད་དུ་འཇུག་དགོས།

ཇི་ལྟར་བྱས་ཏེ་ཁྲམ་ཚོང་རྒྱག་མཁན་གྱི་མགོ་སྐོར་འོག་མ་ཚུད་པ་བྱེད་དགོས། ✧

༡ སྒོར་དངུལ་མིག་མདུན་དུ་རྩིས་རྒྱག་དགོས། སློབ་གྲྭ་འབྲིང་ཆུང་གི་སློབ་མས་སྒོར་དངུལ་ཕྱིར་བླངས་རྗེས་ཁུག་མའི་ནང་བསྡུ་རྒྱུར་བྲེལ་བ་མ་བྱས་པར། ངེས་པར་དུ་ཚོང་པའི་མདུན་དུ་རྩིས་རྒྱག་དགོས།

༢ དངུལ་གྱི་ཨང་གྲངས་ཡིད་ལ་ངེས་པའམ་རྟགས་ཤིག་འགོད་དགོས། དངུལ་ལོར་ངོ་མ་རྫུན་མར་བརྗེ་བའི་གནས་ཚུལ་མི་ཐོན་པའི་ཆེད་དུ་སློབ་གྲྭ་འབྲིང་ཆུང་གི་སློབ་མས་དངུལ་གྱི་ཨང་གྲངས་བློ་ལ་ངེས་པའམ་དངུལ་གྱི་ཐོག་རྟགས་བརྒྱབ་ཀྱང་ཆོག །དེ་ལྟར་བྱས་ན་ཕ་རོལ་

པོས་དངུལ་ངོ་མ་རྫུན་མར་བརྗེས་ནའང་། རང་ཉིད་ལ་དཔང་རྟགས་ཡོད་པས་བདེན་དཔང་ར་སྤྲོད་བྱེད་བདེ།

༣ ཉོ་ཚོང་བྱེད་སྐབས་བློ་རྩེ་གཅིག་ཏུ་སྒྲིམ་དགོས། སློབ་གྲྭ་འབྲིང་ཆུང་གི་སློབ་མས་དངུལ་སྤྲོད་པ་ནས་ཉོ་ཚོང་མཇུག་མ་བསྒྲིལ་བར་བློ་རྩེ་གཞན་དུ་གཡེང་མི་རུང་། གང་ལགས་ཤེ་ན། ཁྱོད་རང་རྣམ་པར་གཡེང་སྐབས་ཕ་རོལ་པོས་དངུལ་ལོར་རྫུན་མ་བརྗེ་ཉེན་ཡོད།

༤ དངུལ་ལོར་ངོ་མ་དང་རྫུན་མ་དབྱེ་འབྱེད་ཐུབ་པ་དགོས། སློབ་གྲྭ་འབྲིང་ཆུང་གི་སློབ་མས་དངུལ་ལོར་ངོ་མ་དང་རྫུན་མ་དབྱེ་འབྱེད་ཐུབ་ན། ཁྲམ་ཚོང་རྒྱག་མཁན་གྱིས་ཁྱོད་ལ་དངུལ་ལོར་རྫུན་མ་སྤྲོད་མི་ཐུབ།

༥ ས་ཁྲིམ་ནས་ཚོང་ཉུང་ཙམ་རྒྱག་དགོས། སློབ་གྲྭ་འབྲིང་ཆུང་གི་སློབ་མས་རྒྱུན་དུ་ས་ཁྲིམ་ནས་ཚོང་ཉུང་ཙམ་རྒྱག་དགོས་ཤིང་། དགོས་པ་ཡོད་དུས་ཚོང་ར་དང་ཚད་ལྡན་གྱི་སྒོ་རྩིས་ཚོང་ཁང་དུ་དངོས་ཟོག་ཉོ་བར་འགྲོ་དགོས།

༦ རིན་གོང་བཅག་པའི་ཚོང་ཟོག་ཉོ་སྐབས་ཡིད་གཟབ་བྱེད་དགོས། ཚོང་པ་ཁ་ཤས་ཀྱིས་སློབ་གྲྭ་འབྲིང་ཆུང་གི་སློབ་མ་རྣམས་ཁེ་བཟང་རག་བསམས་པ་དང་། ཐུས་དག་གོང་ཁེའི་ཚོང་ཟོག་ཉོ་བར་དགའ་བ་ཤེས་ནས་ཚོང་ཟོག་རྫུན་མ་དང་རྒྱ་སྲང་ཆད་པའི་ཚོང་ཟོག་འཚོང་གི་ཡོད།

༧ དངུལ་སིལ་མ་སྟོན་ནས་གྲ་སྒྲིག་བྱེད་དགོས། སློབ་གྲྭ་འབྲིང་ཆུང་གི་སློབ་མས་སྒོར་༡༠༠དང་སྒོར་༥༠སོགས་གྲངས་གཞི་ཆེ་བའི་དངུལ་ལོར་ཉུང་ཙམ་སྤྱོད་དགོས་ཤིང་། ཕྱི་རུ་འགྲོ་སྐབས་སྤྱི་སྤྱོད་རླངས་འཁོར་སྟོད་བྱེད་ཀྱི་དངུལ་སིལ་མ་གྲ་སྒྲིག་བྱེད་དགོས་པ་ལས། ལམ་འགྲམ་གྱི་ཚོང་པར་དངུལ་སིལ་མ་བརྗེས་ན་ཁྲམ་ཚོང་རྒྱག་མཁན་ཁ་ཤས་ཀྱིས་མགོ་སྐོར་གཏོང་ཉེན་ཆེན་པོ་ཡོད།

ལེའུ་གསུམ་པ།

གློག་འཕྲིན་དྲ་རྒྱའི་ཁ་བསྐུས་རྒྱག་ཐབས་གསལ་པོ་ཤེས་རྒྱུ་གལ་འགངས་ཆེ།

བརྙན་འཕྲིན་ལེ་ཚན་ནང་གི་གཏམ་ལན་ཤེས་ན་བྱ་དགའ་ཆེན་པོ་ཐོབ་ཐུབ་ཅེས་པའི་འཕྲིན་ཐུང་དེ་དོན་དངོས་ཡིན་ནམ། དངུལ་ཁང་གིས་དྲན་སྐུལ་འཕྲིན་ཐུང་བསྐུར་དོན་ཅི་ཡིན་ནམ། སྐྲག་སྣང་སྐྱེ་དགོས་པའི་འཕྲིན་ཐུང་འབྱོར་ན་ཇི་ལྟར་བྱེད་དགོས་སམ། ཁ་པར་གྱི་གྲོན་དངུལ་ཕྱིར་སློག་པ་ཞེས་པ་དེ་ངོ་མ་ཡིན་ནམ། བརྙན་ལས་མཐོང་བའི་གྲོགས་པོ་དེ་ཁོ་རང་ངོ་མ་ཡིན་ནམ། དྲ་རྒྱའི་རོལ་རྩེད་དང་དྲ་ཐོག་ཉོ་སྒྲུབ་ལ་བསླུ་ཐབས་གང་དག་ཡོད་དམ། ཉེ་འཛུགས་དྲ་ཚོགས་ཀྱིས་རྒྱ་ཉེ་ཇི་ལྟར་འཛུགས་སམ། ལེའུ་འདིར་གློག་འཕྲིན་དྲ་རྒྱའི་ཁ་བསླུས་རྒྱག་ཐབས་ཀྱི་གནོང་རིས་ངོ་མ་བཤུས་ཏེ། སློབ་གྲོགས་ཚོར་ཤེས་སུ་བཅུག་ནས། ཇེས་སུ་ཁ་བསླུས་རྒྱག་ཐབས་དེ་རིགས་ཀྱི་གཡོ་འཁོག་ཏུ་མ་ཚུད་པ་བྱེད་པའི་སྐོར་བརྗོད་ཡོད།

ཁ་པར་བཏང་སྐྱེ་ཁ་བསླུས་རྒྱག་མཁན་འཕྲད་ན་ཇི་ལྟར་བྱེད་དགོས་སམ།

༡ གནས་ཚུལ་བདེན་མིན་གཏན་འཁེལ་བྱེད་དགོས་པ་དང་། དངུལ་ལེན་མཁན་ཕྱོགས་ཀྱི་གནས་ཚུལ་དོན་དངོས་ཡིན་མིན་གཏན་འཁེལ་བྱེད་དགོས། སློབ་གྲྭ་འབྲིང་ཆུང་གི་སློབ་མར་འཕྲིན་ཐུང་ངམ་ཁ་པར་དེ་རིགས་འབྱོར་སྐབས་སྔོན་ལ་གློག་འཕྲིན་སྡེ་ཁག་གི་ཞབས་ཞུ་མཁན་ལ་ཁ་པར་བཏང་ནས་གནས་ཚུལ་བདེན་མིན་འདྲི་རྩད་བྱས་ཆོག་ལ། གལ་ཏེ་ཁ་པར་དང་འཕྲིན་ཐུང་སོགས་བརྒྱུད་ཁྲིད་ལ་དངུལ་སྒྱུར་ཤོག་བྱེར་མཁན་འཕྲད་ཚེ། དུས་ཐོག་ཏུ་ཉེན་རྟོག་པར་སྙན་སེང་ཞུ་དགོས།

༢ འཕྲིན་ཐུང་ངམ་ཁ་པར་གྱི་ཡོང་ཁུངས་ལ་ཡིད་འཇོག་བྱེད་དགོས། ཁོངས་གཏོགས་ས་ཁུལ་མི་འཆར་བའི་ཁ་པར་ཨང་གྲངས་དང་། རྒྱུན་གཏན་མིན་པའི་ཁྱིམ་སྦྱོད་ཁ་པར་ཨང་གྲངས། ཆ་རྒྱུས་མེད་པའི་ཁ་པར་ཨང་གྲངས་བཅས་ལ་ཁ་ཡ་བྱེད་མི་རུང་། དུས་མཚུངས་སློབ་གྲྭ་འབྲིང་ཆུང་གི་སློབ་མས་རང་དང་ཁྱིམ་ཚང་གི་ཆ་འཕྲིན་ལ་སྲུང་སྐྱོབ་བྱེད་ཤེས་པ་བྱས་ཏེ། རང་ཉིད་དང་ཁྱིམ་ཚང་གི་ཁ་པར་ཨང་གྲངས་སོགས་ཕྱི་མིས་མ་ཤེས་པ་བྱེད་དགོས།

༣ ཁ་པར་གཏོང་མཁན་སུ་ཡིན་མིན་ཤེས་པ་བྱེད་དགོས། རྒྱུན་གཏན་གྱི་གནས་ཚུལ

འོག་གློག་འཕྲིན་སྡེ་ཁག་གིས་ཁ་པར་གྱི་ཟླ་རེའི་གྲོན་དངུལ་འཇལ་བའི་དུས་ཚོད་མ་སླེབས་གོང་ནས་ལན་ནམ་འཕྲིན་ཐུང་སོགས་རྣམ་པ་མང་པོའི་ཐོག་ནས་ཆད་དངུལ་འཇལ་དགོས་པའི་དྲན་སྐུལ་བྱེད་སྲིད། གལ་ཏེ་མི་ལ་ལས་སྤྱི་བདེ་མི་སྣར་བརྫུས་ནས་ཆད་དངུལ་ལ་བརྟག་དཔྱད་བྱེད་ཁུལ་གྱིས་མི་སྒེར་གྱི་ཆ་འཕྲིན་ཐོབ་ཐབས་བྱེད་པ་དང་། ཡང་ན་ཁ་པར་ལས་ཁུངས་ཀྱི་ལས་མིའི་མིང་ཐོག་ནས་ཐད་ཀར་ཁ་པར་བརྒྱབ་ནས་ཆད་དངུལ་འཇལ་དགོས་ཟེར་ན། སློབ་གྲྭ་འབྲིང་ཆུང་གི་སློབ་མས་དོགས་ཟོན་ཆེར་བསྐྱེད་བྱས་ཏེ། མགོ་སྐོར་འོག་མ་ཚུད་པ་བྱེད་དགོས། དེའི་སྐབས་སློབ་མ་ཚོས་ཕ་རོལ་པོའི་ཐོབ་ཐང་དང་ཁ་པར་གྱི་གྲོན་དངུལ་ཆད་པའི་གནས་ཚུལ་ལ་ཞིབ་དཔྱད་བྱེད་དགོས་པ་ལས། མི་སྒེར་གྱི་ཆ་འཕྲིན་ཤོད་པའམ་ཡང་ན་དངུལ་བསྐུར་བར་བྲེལ་བ་གཏན་ནས་བྱེད་མི་རུང་།

QQ ཐོག་ཁ་བརྡར་སྐྱོད་སྐབས་ཁ་བསླུས་འོག་མ་ཚུད་པ་ཇི་ལྟར་བྱེད་དགོས།

༡ རང་ཉིད་ཀྱི་གློག་ཀླད་མ་ལག་གི་བདེ་འཛུགས་འགན་ལེན་བྱེད་དགོས། མི་ལ་ལའི་གློག་ཀླད་ལ་སྐྱོན་ཤོར་སྐབས་གློག་ཀླད་ནང་དུག་འགོག་དུག་གསོད་མཉེན་ཆས་མེད་པས་ཁྲམ་པ་འགས་སྐབས་དང་བསྟུན་ནས་འདྲི་ལག་རྐྱེང་བཞིན་པར་བརྟེན། སློབ་གྲྭ་འབྲིང་ཆུང་གི་སློབ་མས་ངེས་པར་དུ་དུག་འགོག་དུག་གསོད་མཉེན་ཆས་སོགས་དུས་ཐོག་ཏུ་གསར་སྒྱུར་བྱེད་དགོས་པ་དང་། རྟག་ཏུ་མ་ལག་ལ་སྐྱོན་ཤོར་ཡོད་མེད་ཞིབ་བཤེར་དང་སླར་གསོ་བྱེད་དགོས།

༢ དྲ་འཇུག་གི་གོམས་གཤིས་བཟང་པོ་འཛུགས་པར་བྱེད་དགོས། སློབ་གྲྭ་འབྲིང་ཆུང་གི་སློབ་མས་མཛེས་མཐའ་ཡང་ན་ཕོ་རྐྱང་ཡིན་པར་སྒྲོག་པའི་མི་དང་བརྟན་ལམ་ནས་ཁ་བརྡ་བྱེད་མི་རུང་སྟེ། མི་དེ་དག་གིས་བརྟན་རིས་ཕབ་ལེན་བྱས་ཏེ་བེད་སྤྱོད་བྱེད་ཉེན་ཡོད། གཞན་ཡང་སློབ་མ་ཚོས་རང་དགར་QQ(ཁྱིའུ་ཁྱིའུ་)ནང་གི་གྲོགས་པོས་བསྐུར་བའི་པར་རིས་སམ་དྲ་ངོས་གང་འདོད་དུ་ཁ་དབྱེ་ན་QQལ་མུའུ་མ་ནད་དུག་ཐོག་ནས་QQཨང་གྲངས་བརྐུ་ཉེན་ཆེ།

གལ་ཏེ་དྲ་ངོས་ཀྱི་ཡིག་ཆ་ཕབ་ལེན་བྱེད་དགོས་ཚེ་དུག་གསོད་མ་ལག་གིས་དུག་སེལ་བྱས་རྗེས་གཞི་ནས་བཀོལ་སྤྱོད་བྱེད་དགོས་ལ། ཡིག་ཆར་དུག་སེལ་མཉེན་ཆས་ཀྱིས་དུག་སེལ་བྱས་རྗེས་བེད་སྤྱོད་དགོས།

༣ རྒྱུན་དུ་བཀོལ་སྤྱོད་ཆེ་བའི་སྐད་འཕྲིན་དང་དངུལ་སྤྲོད་འབོ་སོགས་མཉེན་ཆས་དུས་ཐོག་ཏུ་གསར་སྒྱུར་བྱེད་དགོས། གཙོ་རྒྱུག་གཉེར་སྐྱོང་ཚོང་པ་ཚང་མས་རང་སོ་སོའི་པར་གཞི་གསར་པའི་འཕྲིན་གཏོང་མཉེན་ཆས་ནང་མུའུ་མ་བརྟག་བཤེར་དང་། དུག་གསོད་མ་ལག་གསར་སྟོན་བྱས་ཏེ། མུའུ་མ་ནད་དུག་གི་གནོད་འཚེ་ཐོག་ཚད་དམའ་ཤོས་སུ་གཏོང་བཞིན་ཡོད། དེར་བརྟེན། སློབ་གྲྭ་འབྲིང་ཆུང་གི་སློབ་མས་ངེས་པར་དུ་རང་ཉིད་ཀྱི་འཕྲིན་གཏོང་མཉེན་ཆས་དུས་ཐོག་ཏུ་གསར་སྒྱུར་བྱས་ཏེ་རང་ཉིད་ཀྱི་ཆ་འཕྲིན་བདེ་འཛུགས་འགན་ལེན་བྱེད་དགོས། དུག་གསོད་མཉེན་ཆས་དེ་ཡོད་ཚེ། གལ་ཏེ་ཁྲིམས་འགལ་མི་སྣས་སྒྲ་བརྙན་ཡིག་ཆ་གཏོང་བར་བརྟེན་ནས་ཁ་བསླུས་རྒྱག་པའི་བྱ་སྤྱོད་སྤེལ་བསམས་ནའང་། སྒྲ་བརྙན་ཡིག་ཆ་ཞེས་པའི་དྲན་སྐུལ་དེ་བརྙན་རིས་ཀྱི་སྐར་ཁུང་ཐོག་ནས་མངོན་ཡོང་བས། སློབ་གྲོགས་ཚོར་བརྙན་རིས་རྫུན་མ་ཡིན་པ་ངོས་འཛིན་བྱེད་རོགས་བྱེད་ཐུབ།

༤ སྒྲ་དང་གསང་བཟ་དབྱེ་འབྱེད་བྱེད་པ། ཁྲམ་པ་མང་པོ་ཞིག་གིས་བརྙན་ལམ་གྱི་སྐད་སྦྲུག་ལ་སྐྱོན་ཤོར་བའམ་སྟབས་བདེ་པོ་མེད་ཁུལ་གྱིས་ཁ་ནས་སྐད་ཆ་ཤོད་ཀྱི་མེད། དེར་བརྟེན། གལ་ཏེ་སློབ་གྲྭ་འབྲིང་ཆུང་གི་སློབ་མས་QQཐོག་གླེང་མོལ་བྱེད་སྐབས། མི་གཞན་གྱིས་རང་ཉིད་ལ་དངུལ་གཡར་བའམ་ཡང་ན་ཙུང་ཚོར་བ་སྐྱེན་པའི་གླེང་མོལ་བྱེད་བཞིན་པའི་དུས། རབ་བྱུང་ན་ཕ་རོལ་པོའི་སྐད་ངོ་ཚོད་པ་བྱས་ན་ལེགས། སྐབས་འགར། དྲ་བའི་མྱུར་ཚད་དལ་བའི་རྐྱེན་གྱིས། QQཡི་བརྙན་རིས་འགག་པའི་གནད་དོན་བྱུང་སྟེ། སྒྲ་རིས་གཉིས་དུས་མཉམ་མ་བྱུང་བའི་གནས་ཚུལ་འཐོན་བཞིན་ཡོད། ཁྲམ་པ་ཁ་ཤས་ཀྱིས་ཏག་ཏག་གོ་སྐབས་དེ་བེད་སྤྱད་ནས་ཁ་པར་གཏོང་བའི་སྐབས་སུ་རང་ཉིད་ཀྱི་སྐད་སྒྲ་སྒྱུར་ནས་ཕ་རོལ་པོའི་གྲོགས་པོར་བརྫུ་ཡི་ཡོད། སྐབས་དེར། སྐད་སྒྲ་གསལ་འབྱེད་ནན་མོ་བྱ་དགོས་ལ། རབ་

བྱུང་ན་གསང་བཟ་ཁ་ཤས་བེད་སྤྱད་ནས་གཏན་འཁེལ་བྱས་ན་ལེགས། སློབ་གྲྭ་འབྲིང་ཆུང་གི་སློབ་མས་གྲོགས་པོ་དང་བགྲོ་གླེང་བྱེད་སྐབས་ཕྱོགས་གཉིས་ཀས་ཤེས་པའི་བྱ་བ་ཁ་ཤས་ཡོད་སྲིད། དཔེར་ན་མི་སྣེར་གྱི་ཉམས་མྱོང་དང་ཕ་རོལ་པོའི་ཁྱིམ་ཚང་གི་གནས་ཚུལ་སོགས་ལྟ་བུ། དངུལ་གཡར་རོགས་ཟེར་བའི་གནད་དོན་འཕྲད་པའི་སྐབས། སློབ་གྲྭ་འབྲིང་ཆུང་གི་སློབ་མས་ཚོད་ལྟའི་ཚུལ་དུ་འདྲི་བ་འགའ་བཏོན་ཏེ། ཕ་རོལ་པོ་དངོས་གནས་རང་གི་ངོ་ཤེས་པ་ཡིན་མིན་ཤེས་ཐབས་བྱེད་དགོས།

༥ ཁ་པར་བརྒྱབ་ནས་གཏན་འཁེལ་བྱེད་པ། ཁ་པར་བརྒྱབ་ནས་སུ་ཡིན་མིན་གཏན་འཁེལ་བྱེད་པ་ནི་ཆེས་ལེགས་པའི་བྱེད་ཐབས་ཤིག་ཡིན། གལ་ཏེ་ཕྱོགས་ཅིག་ཤོས་ཀྱིས་རང་འགྲུལ་གྱིས་ཁ་པར་གཏོང་བ་དང་། གཉེན་ཉེའམ་གྲོགས་པོའི་ཁ་པར་བརྒྱུད་ནས་ཁ་པར་བཏང་ན། སློབ་གྲྭ་འབྲིང་ཆུང་གི་སློབ་མས་ངེས་པར་དུ་གཉེན་ཉེ་སོགས་ལ་ཕར་ཁ་པར་གཏོང་དགོས། རྒྱུ་མཚན་ནི་ཕ་རོལ་པོས་ཨང་གྲངས་གང་བྱུང་འཆར་བའི་མཉེན་ཆས་བཀོལ་ཉེན་ཆེ། མཉེན་ཆས་དེ་སྤྱད་ན་ཁ་པར་ངོས་ལ་འཆར་བ་ནི་རང་གི་གཉེན་ཉེ་དང་གྲོགས་པོའི་ཨང་གྲངས་ཡིན།

༣་ཐོག་རྩོལ་རྩེད་ཀྱི་ཁ་བསྐུས་ལ་སྔོན་འགོག་ཇི་ལྟར་བྱེད་དགོས།

༡ ཁེ་བཟང་ལ་ཧམ་མི་ཐུང་། སློབ་གྲྭ་འབྲིང་ཆུང་གི་སློབ་མས་གནམ་ནས་ཤ་བག་ལེབ་ཟག་མི་སྲིད་པ་ཤེས་དགོས་པ་ལྟར། བྱ་དགའ་ཐོབ་པ་དང་། ལག་རྟགས་ཆེན་པོ་ཐོབ་པ། རིན་གོང་དམའ་བའི་རྩོལ་རྩེད་དངུལ་སྐོར་སོགས་ཚང་མས་གྱོང་གུན་ཆེན་པོ་བཟོ་ཉེན་ཡོད་པ་གསལ་པོ་ངེས་དགོས།

༢ ལག་དངུལ་ཡང་དག་པར་བེད་སྤྱོད་དགོས། སློབ་གྲྭ་འབྲིང་ཆུང་གི་སློབ་མ་རང་ཉིད་ལ་ཡོང་འབབ་མེད་ལ། རྩོལ་རྩེད་རྩེ་བྱེད་མང་ཆེ་བ་ནི་རང་ཉིད་ཀྱི་ལག་དངུལ་སིལ་མ་ཡིན་ཞིང་། རིན་གོང་དམའ་བའི་དངོས་པོ་ཁ་ཤས་མཐོང་མ་ཐག་དཔྱོད་ཤེས་ཉམས་ཉེན་ཡོད། དེར་

བརྟེན་དྲ་རྒྱའི་རོལ་རྩེད་རྩེ་སྐབས་ངེས་པར་དུ་བསམ་བློ་ཡང་ཡང་གཏོང་དགོས་པ་ལས། ཚ་རྒྱུས་མེད་པའི་མི་ལ་དངུལ་བསྐུར་མི་ཉུང་།

༣ ཚ་རྒྱུས་མེད་པའི་མིས་བསྐུར་ཡོང་བའི་ཆ་འཕྲིན་ལ་མི་བལྟ་བ། སློབ་གྲྭ་འབྲིང་ཆུང་གི་སློབ་མས་དྲ་བའི་རོལ་རྩེད་རྩེ་བའི་བརྒྱུད་རིམ་ནང་ཚ་རྒྱུས་མེད་པའི་དྲ་ངོས་དང་། སྦྲག་ཡིག་གམ་འདྲ་པར་གྱི་ཁ་ཕྱེ་མི་ཉུང་། འདི་དག་གིས་མུའུ་མ་ནད་དུག་འཁྱེར་ཡོང་སྲིད་རང་ཉིད་ཀྱི་རྩིས་ཐོའི་ཨང་གྲངས་བརླག་ཉེན་ཡོད།

༤ དགའ་ཕྱོགས་གཞན་དག་བཅལ་ནས་དྲ་རྩེད་རྒྱང་དུ་སྐྱུར་དགོས། མིག་སྔའི་ཆར་སློབ་གྲྭ་འབྲིང་ཆུང་གི་སློབ་མའི་ཆེས་གལ་འགངས་ཆེ་ཤོས་ནི་སློབ་སྦྱོང་བྱ་རྒྱུ་དེ་ཡིན། སློབ་སྦྱོང་གི་ཞར་དུ། སློབ་གྲོགས་ཚོས་ཐུན་མོང་གི་བྱེད་སྒོ་སྤེལ་བ་དང་། རི་མོ་འབྲི་བ། ལུས་རྩལ་སྦྱོང་བ། ཡིག་གཟུགས་སྦྱོང་བ། འཆམ་འཆམ་འགྲོ་བ་སོགས་ཀྱི་ཐབས་ལ་བརྟེན་ནས་སློབ་གསེང་གི་དུས་ཚོད་བསྐྱལ་ཆོག།

སྤ་སེ་ཧྲོ་སྐབས་བསླུ་ཐབས་ལས་ཇི་ལྟར་གཡོལ་དགོས།

༡ ཚོད་ལྡན་གྱི་དྲ་ངོས་ནས་སྤ་སེ་ཉོ་བ། ཕྱིར་བཏང་བྱས་ན་མི་འཁོར་སྤ་སེ་ནི་༡༢༣༠༥དྲ་ངོས་ནས་ཉོ་དགོས་ཤིང་། གཏམ་བརྗོད་གླིང་གར་དང་། གར་སྟེགས་གླིང་གར། རོལ་མོའི་གླིང་གར་བཅས་ཀྱི་སྤ་སེ་ནི་ཏྲ་མེ་དྲ་ངོས་ནས་ཉོ་ཆོག་ལ། སྒྲིག་བཀྲན་སྤ་སེ་ནི་མའེ་ཐོན་དང་། ཏྲ་ཀྲུང་ཏན་ཕིང་། དངུལ་སྤྲོད་འཕོ། སྐད་འཕྲིན་སོགས་ཀྱི་ཐོག་ནས་ཉོས་ཆོག་པས། ཚ་རྒྱུས་མེད་པ་དང་གསར་དུ་བཙུགས་པའི་དྲ་ཚིགས། QQདང་སྐད་འཕྲིན་ཚོགས་པ་སོགས་ནས་ཉོ་མི་ཉུང་།

༢ དྲ་ཚིགས་ཀྱི་བདེན་རྫུན་དབྱེ་བ་འབྱེད་པ། སློབ་གྲྭ་འབྲིང་ཆུང་གི་སློབ་མས་དྲ་ཚིགས་རྫུན་མ་དང་། དྲ་རྒྱའི་སྤྲིལ་མཐུད་རྫུན་མ་དབྱེ་འབྱེད་ཐུབ་པ་དགོས་ཤིང་། ཚ་རྒྱུས་མེད་པའི་སྤྲིལ་མཐུད་རྫུན་མ་སོགས་ཀྱི་ཁ་དབྱེ་མི་ཉུང་།

༣ དངུལ་སྤྲད་རྗེས་འཛིན་ཤོག་བསྐྲུར་བའི་བྱ་ཐབས་དང་ལེན་བྱེད་མི་རུང་། ཁ་བསླུས་རྒྱག་མཁན་གྱིས་ཉོ་ཚོང་བྱེད་རིང་སློབ་གྲོགས་ཚོར་འཛིན་ཤོག་གི་འདྲ་པར་རམ་ཡང་ན་རང་ཉིད་ཀྱིས་དངུལ་སྤྲད་པའི་འཛིན་ཤོག་སྐྲུར་གྱི་ཡོད། དམིགས་ཡུལ་ནི་སློབ་གྲོགས་ཚོར་དངོས་གནས་སྤྲ་སེ་དེ་འདྲ་ཞིག་ཡོད་པར་ཡིད་ཆེས་བྱེད་དུ་འཇུག་རྒྱུ་དེ་རེད། འོན་ཀྱང་སློབ་གྲོགས་ཚོས་ཤེས་དགོས་པ་ཞིག་ལ་པར་རིས་དེའི་རིགས་མཉེན་ཆས་སྤྱད་ན་རྫུན་བཟོ་བྱེད་ཐུབ། དོན་དངོས་ཐོག་ཁོ་པར་སྤྲ་སེ་རྩ་བ་ནས་མེད། དེར་བརྟེན། སློབ་གྲོགས་ཚོས་དངུལ་སྤྲད་རྗེས་འཛིན་ཤོག་བསྐྲུར་ཚོག་ཅེས་ཟེར་མཁན་འཕྲད་སྐབས་ཕ་རོལ་པོ་ཁོང་ཁྲོ་ལངས་པར་སྐྲག་མི་དགོས་ལ། དངུལ་མ་སྤྲད་པར་བཞག་ན་སྤྲ་སེ་གཞན་གྱིས་འཕྲོག་ཉེན་ཆེ་བའི་སེམས་ཁྲལ་ཡང་མི་བྱེད་པར། ངེས་པར་དུ་སྤྲ་སེ་བདེན་རྫུན་དབྱེ་འབྱེད་གསལ་པོ་བྱས་རྗེས་ད་གཟོད་དངུལ་སྤྲོད་པའམ་ཡང་ན་སྤྲ་སེ་ལག་པར་རག་རྗེས་དངུལ་སྤྲོད་དགོས།

༤ ཐོག་ནས་ཉོ་སྒྲུབ་བྱེད་སྐབས་ཇི་ལྟར་བྱས་ཏེ་ཁ་བསླུས་མ་ཐེབས་པ་བྱེད་དགོས།

༡ རྟགས་ཐོན་ཆེར་བསྐྱེད་བྱས་ནས་ཁེ་ཕྱོགས་ཚུང་ཚུང་ལ་ཞྭམ་མི་རུང་། སློབ་གྲྭ་འཁྲིང་ཆུང་གི་སློབ་མས་ཚོང་རའི་རིན་གོང་ལས་ལྷག་གྱིས་དམའ་བ་དང་། ཚོང་ཟོག་བསྐྲུར་བའི་དུས་ཡུན་ཧ་ཅང་ཐུང་བའི་ཚོང་ཟོག་འཕྲད་སྐབས། རིན་གོང་དམའ་བར་བརྟེན་ནས་མགོ་རྨོངས་མི་རུང་བ་དང་། དེ་བས་ཁེ་ཕྱོགས་ཚུང་ཚུང་ལ་མ་ཞྭམ་པར། ཚོང་པའི་ཆ་འཕྲིན་ལ་དབྱེ་འབྱེད

གསལ་པོ་བྱེད་པ་དང་ཆབས་ཅིག །ལག་ཐོགས་ཁ་པར་ཨང་གྲངས་གཅིག་ལས་མེད་པའམ་ཚོང་ཁང་གི་གནས་ཡུལ་གཏན་འཁེལ་མེད་ཁར། གཏན་འཇགས་ཨང་གྲངས་ཀྱང་མེད་པའི་ཚོང་པར་ལས་སླ་པོར་ཡིད་ཆེས་བྱེད་མི་རུང་།

༢ཚོང་པའི་ཆ་འཕྲིན་སྣ་ཚོགས་ལ་ཞིབ་དཔྱད་ནན་ཏན་བྱེད་དགོས། སློབ་གྲྭ་འབྲིང་ཆུང་གི་སློབ་མས་འཚོལ་བཤེར་མ་ལག་སྤྱད་དེ་དངོས་ཟོག་གི་ཆ་འཕྲིན་ནང་བཀོད་པའི་ཀུང་སིའི་མིང་དང་། འབྲེལ་གཏུག་བྱེད་ཡུལ། འབྲེལ་གཏུག་ཁ་པར། དངུལ་ཁང་གི་རྩིས་ཐོ་སོགས་འགག་རྩའི་ཆ་འཕྲིན་གཅིག་མཐུན་ཡིན་མིན་ལ་བརྟག་ཚོག །གལ་ཏེ་གོང་གསལ་གྱི་ཆ་འཕྲིན་གཅིག་མཐུན་མིན་པ་མཐོང་ཚེ་ངེས་པར་དུ་དོགས་ཟོན་བྱེད་དགོས།

༣ཕྱོགས་གསུམ་པའི་གཏོང་སྤྲོད་སྟེགས་བུ་བེད་སྤྱད་ནས་རྩིས་ཐོ་མི་སྒེར་གྱི་ཐོ་ཁོངས་སུ་བསྒྱུར་བ་དང་ལེན་བྱེད་མི་རུང་། སྤྱིར་བཏང་བྱས་ན་ཚད་ལྡན་གྱི་དངོས་ཟོག་ཉོ་སྒྲུབ་དྲ་ཚིགས་ཀྱིས་ཉོ་མཁན་ལ་སྟོན་ལ་དངུལ་དེ་ཕྱོགས་གསུམ་པའི་ཐོ་ཁོངས་སུ་བཅོལ་དུ་འཇུག་པ་དང་། དངོས་ཟོག་རྩིས་ལེན་བྱས་རྗེས་ཕྱོགས་གསུམ་པས་ད་གཟོད་ཚོང་པར་རྩིས་བསྒྱུར་བྱེད་སྲིད། སློབ་གྲྭ་འབྲིང་ཆུང་གི་སློབ་མས་ཚོང་པར་ཡིད་ཆེས་ཆེན་པོས་ཐད་ཀར་རྩིས་བསྒྱུར་བྱེད་མི་རུང་ཞིང་། ངེས་པར་དུ་བདེ་འཇགས་ཆེ་བའི་ཕྱོགས་གསུམ་པའི་གཏོང་སྤྲོད་སྟེགས་བུ་སྤྱོད་དགོས།

ཅི་ཞིག་ལ་ཉ་འཛིན་དྲ་ཚིགས་ཟེར་རམ།

ཉ་འཛིན་དྲ་ཚིགས་ནི་དྲ་རྒྱའི་མགོ་སྐོར་གཏོང་ཐབས་ཀྱི་དྲ་ཚིགས་ཤིག་ཡིན་ཞིང་། ཁྲིམས་འགལ་ཉེས་ཅན་པས་ཐབས་སྣ་ཚོགས་ལ་བརྟེན་ནས་དྲ་ཚིགས་ངོ་མའི་ཞབས་ཞུའི་གོ་

རིམ་ཐོག་གི་སྐྱོན་ཆ་བེད་སྤྱད་དེ། དྲ་ངོས་ཁ་ཤས་ཀྱི་ནང་དུ་ཉེན་ཁ་ཅན་གྱི་HTMLཡི་ཚབ་རྟགས་བཙུག་པའམ་དྲ་ཚིགས་ངོ་མར་བརྫུས་པའི་URLདྲ་གནས་དང་། དྲ་ངོས་ནང་དོན་ལ་བརྟེན་ནས་སྤྱོད་མཁན་མང་པོའི་རྩིས་ཐོའི་ཨང་གྲངས་ཀྱི་ཆ་འཕྲིན་དང་། གསང་གྲངས་སོགས་མི་སྒེར་གྱི་ཆ་འཕྲིན་ཐོབ་ཐབས་བྱེད་ཀྱི་ཡོད། སློབ་གྲྭ་འབྲིང་ཆུང་གི་སློབ་མ་རྣམས་དྲ་རྒྱའི་ཆ་འཕྲིན་གྱི་དབྱེ་འབྱེད་ནུས་པ་ཞུང་ཞན་པས། ཉ་འཛིན་དྲ་ཚིགས་ལ་བདེན་པར་སྙམ་སྟེ། མི་སྒེར་གྱི་ཆ་འཕྲིན་དང་རྒྱུ་ནོར་ལ་གྱོང་གུན་བཟོ་བཞིན་ཡོད།

སློབ་གྲྭ་འབྲིང་ཆུང་གི་སློབ་མས་ཉ་འཛིན་དྲ་ཚིགས་ཇི་ལྟར་དབྱེ་འབྱེད་བྱེད་དགོས།

༡ཡིད་རྟོན་ཅུང་བའི་དྲ་ཚིགས་ལས་ཞིབ་བཤེར་བྱེད་དགོས། སློབ་གྲྭ་འབྲིང་ཆུང་གི་སློབ་མས་ཕྱོགས་གསུམ་པའི་དྲ་ཚིགས་ཀྱི་ཐོབ་ཐང་བདེན་དཔང་ར་སྤྲོད་བྱེད་པ་བརྒྱུད་དྲ་ཚིགས་ཀྱི་བདེན་རྫུན་རང་བཞིན་ལ་དབྱེ་འབྱེད་བྱས་ཆོག །ད་ལྟ་དྲ་ཚིགས་མང་པོ་ཞིག་གིས་ཡིད་རྟོན་ཅུང་བའི་དྲ་ཚིགས་དེ་དྲ་ཚིགས་གཙོ་ངོས་སུ་ཕྱོགས་གསུམ་པའི་དྲ་ཚིགས་ཀྱི་ཐོབ་ཐང་བདེན་དཔང་ར་སྤྲོད་བྱེད་པར་སྒྲིག་སྦྱོར་བྱས་ཡོད་པས། དེས་སློབ་གྲྭ་འབྲིང་ཆུང་གི་སློབ་མས་དྲ་ཚིགས་ཀྱི་བདེན་རྫུན་རང་བཞིན་ལ་བརྟར་ཤ་གཅོད་པར་ཕན་ཐོགས་ཡོད། སློབ་གྲྭ་འབྲིང་ཆུང་གི་སློབ་མས་དྲ་རྒྱའི་ཐོག་ནས་ཉོ་ཚོང་བྱེད་སྐབས་ངེས་པར་དུ་དྲ་ཚིགས་ཀྱི་ཐོབ་ཐང་ཆ་འཕྲིན་ལ་བརྟག་དཔྱད་བྱེད་པའི་གོམས་གཤིས་འཇགས་པར་བྱེད་དགོས་ལ། དྲ་ངོས་ཁ་ཕྱེ་རྗེས་འོག་གི་ཡིད་རྟོན་ཅུང་བའི་དྲ་ཚིགས་ཀྱི་མཚོན་རྟགས་ལ་བརྟེན་ནས་དྲ་ཚིགས་ཀྱི་ཐོབ་ཐང་ངོ་མ་དབྱེ་འབྱེད་བྱེད་དགོས།

༢དྲ་ཚིགས་ཀྱི་ནང་དོན་བསྟུར་བ། དྲ་ཚིགས་རྫུན་མའི་ཐོག་གི་ཡིག་གཟུགས་གསལ་ལ་མི་གསལ་ཡིན་པ་མ་ཟད་དྲ་ངོས་ཀྱང་མི་གཙིག །དྲ་ཚིགས་རྫུན་མའི་ཐོག་དྲ་རྒྱའི་ཐྲིལ་མཐུད་མེད་པས། སློབ་གྲྭ་འབྲིང་ཆུང་གི་སློབ་མས་པར་རིས་སམ་སྒྲོམ་གཞིའི་ཁྲོད་ཀྱི་ཐྲིལ་མཐུད་ཁག་ལ་མཐེབ་གནོན་བྱས་ནས་ཁ་ཕྱེ་ཐུབ་མིན་བལྟས་ན་ཤེས།

༣དྲ་ཚིགས་ཀྱི་ཁོངས་མིང་ཞིབ་བསྟུར་བྱེད་དགོས། དྲ་ཚིགས་རྫུན་མ་དང་ངོ་མའི་དབར་

ཁྱད་པར་ཕྲན་བུ་རེ་ཡོད། གལ་ཏེ་སློབ་མར་དོགས་གཞི་ཡོད་ཚེ། དེ་དག་གི་མི་འདྲ་ས་དབྱེ་འབྱེད་ནན་ཏན་བྱས་ཆོག་པ་དཔེར་ན། ཁོངས་མིང་ཕྱོགས་ནས་དྲ་ཚིགས་རྫུན་མའི་དབྱིན་ཡིག་གི་གསལ་བྱེད་I རྒྱུན་དུ་ཨང་ཀི་1 གིས་ཚབ་བྱེད་པའམ། ཡང་ན་ CCTV བཟོ་བསྒྱུར་བྱས་ནས་CCTV-VIP དང་CCYVལྟ་བུའི་འདྲ་ཡིག་གིས་རྫུན་བཟོ་བྱེད་སྲིད།

༤ བདེ་འཇགས་ལག་ཁྱེར་ལ་ལྟ་བ། ད་ལྟ་གློག་རྒྱལ་ཚོང་དོན་དྲ་ཚིགས་ཆེ་གྲས་ཀྱིས་རྟག་ཏུ་ཡིད་རྟོན་ཉུང་བའི་དཔང་ཡིག་རིགས་ཀྱི་ཐོན་རྫས་བཀོལ་སྤྱོད་བྱས་ཡོད་པ་དང་། དྲ་ཚིགས་ཀྱི་གནས་ཡུལ་དེ་དག་གི་མགོ་ནི“https”ཡིན། མགོའི་དབྱིན་ཡིག“https”མིན་པ་ལ་གཟབ་དགོས།

༥ དྲ་ཚིགས་ཀྱི་ཐོ་འགོད་སྣན་ཞུ་འཚོལ་བཤེར་བྱེད་དགོས། ICPཡི་(གློག་འཕྲིན་དང་ཆ་འཕྲིན་ཞབས་ཞུའི་ལས་སྒོ་གཉེར་སྐྱོང་)ཐོ་འགོད་སྣན་ཞུར་བརྟེན་ནས་དྲ་ཚིགས་ཀྱི་བདག་པོའི་ཆ་འཕྲིན་དང་གཞི་རྩའི་གནས་ཚུལ་ཤེས་ཐུབ་པ་དང་། ICPགླངས་མེད་པ་དང་། ཚོག་མཆན་ཐོབ་མེད་པའི་གཉེར་སྐྱོང་དྲ་ཚིགས། ཁྲིམས་མཐུན་དང་ཐོ་འགོད་བྱས་མེད་ལ་གཉེར་སྐྱོང་རང་བཞིན་མིན་པའི་དྲ་ཚིགས་ལ་འབྲེལ་ཡོད་སྡེ་ཁག་གིས་དྲ་ཚིགས་ཀྱི་རང་བཞིན་ལ་བལྟས་ནས་ཆད་པ་གཅོད་ཚོག་པ་མ་ཟད། ཐ་ན་དྲ་སྒོ་ཡང་རྒྱག་དགོས་པའི་གླང་བྱ་བཏོན་ཆོག།

ལེའུ་བཞི་པ།

མགོ་སྐོར་བསླུ་བྲིད་ལ་དོགས་ཟོན་བྱས་ཏེ། བདེ་འཇགས་ཀྱི་འདུ་ཤེས་གོང་མཐོར་གཏོང་རྒྱུ་གལ་འགངས་ཆེ།

དཀའ་སྤྱད་ཁུར་དུ་ལེན་ཞིང་ཕན་ཚུན་རོགས་རམ་བྱེད་པ་ནི་ཀྲུང་ཧྭ་མི་རིགས་ཀྱི་སྲོལ་རྒྱུན་སྤྱོད་བཟང་ཡིན་པས། སློབ་གྲྭ་འབྲིང་ཆུང་གི་སློབ་མ་རྣམས་ཀྱིས་ཐུན་མོང་ལ་དཀའ་ཞེན་དང་། ཕན་ཚུན་རོགས་རམ། རྒན་བཀུར་གཞོན་གཅེས། གུས་ཞབས་ལྡན་པ་ཞིག་བཅས་བྱེད་དགོས། གཞན་ཡང་སློབ་གྲྭ་འབྲིང་ཆུང་གི་སློབ་མས་ད་དུང་བདེ་འཇགས་ཀྱི་འདུ་ཤེས་མཐོ་རུ་གཏོང་དགོས་པ་དང་། ཆ་རྒྱུས་མེད་པའི་མི་ལ་ཁ་ཡ་མི་བྱེད་པ། ཁྱིམ་ཚང་གི་ཆ་འཕྲིན་ཕྱིར་སྒྲོག་མི་བྱེད་པ། ཕྱི་ལ་འགྲོ་དུས་ཕ་མར་ཤོད་དགོས་ཤིང་། དཀའ་ངལ་འཕྲད་དུས་འོས་འཚམ་གྱིས་རོགས་སྐྱོར་འཚོལ་དགོས། དུས་རབས་གསར་པའི་སློབ་གྲྭ་འབྲིང་ཆུང་གི་སློབ་མ་ནི་ཁྱིམ་ཚང་གི་རེ་བ་དང་། རྒྱལ་ཁབ་ཀྱི་མ་འོངས་པ་ཡིན་པས། ཁོ་ཚོ་གཞན་གྱི་མགོ་སྐོར་དང་རིང་དུ་གྱེས་ནས་བདེ་ཐང་དང་འཚར་ལོངས་འབྱུང་རྒྱུ་ནི་ང་ཚོའི་རེ་བ་ཡིན།

མཉམ་སྡེབ་ཀྱི་བྱེད་སྒོར་རྗེས་སུ་ལུས་ན་ཇི་ལྟར་བྱེད་དགོས།

༡ དུས་ཐོག་ཏུ་དགེ་རྒན་དང་གྲོགས་པོར་འབྲེལ་གཏུག་བྱས་ཏེ་མགྱོགས་མྱུར་ངང་མཉམ་སྡེབ་ཀྱི་ཁྲོད་དུ་ཕྱིར་ལོག་དགོས། སློབ་གྲོགས་ཚོ་ཐུན་མོང་གི་བྱེད་སྒོར་ཞུགས་སྐབས། སྔེ་ཁྲིད་དགེ་རྒན་གྱི་འབྲེལ་གཏུག་བྱེད་སྟངས་སེམས་ལ་བརྟན་པོར་ངེས་དགོས། གལ་ཏེ་གཟབ་གཟབ་མ་བྱས་པར་མཉམ་སྡེབ་ལས་ཁ་ཐོར་ན། དངངས་སྐྲག་མ་བྱས་པར་དུས་ཐོག་ཏུ་སྔེ་ཁྲིད་དགེ་རྒན་ལ་འབྲེལ་བ་བྱས་ནས་རང་ཉིད་ཀྱི་གནས་ས་གསལ་པོར་བཤད་དགོས། ཡང་ན་དུས་ཐོག་ཏུ་གྲོགས་པོར་འབྲེལ་གཏུག་བྱེད་དགོས། མདོར་ན། ཐབས་ཤེས་ཡོད་རྒུ་བཏོན་ནས་དཔུང་སྡེའི་ནང་དུ་ལོག་ཐུབ་པ་དགོས།

༢ ཆ་རྒྱུས་མེད་པའི་མིས་གླིང་གཞི་བཙལ་ཏེ་ཁ་བརྡ་བྱེད་པར་དོགས་ཟོན་བྱེད་དགོས། ཉེས་ཅན་མི་སྣ་རང་ཁྱིམ་དུ་ལོག་བཞིན་པའམ་ཡང་ན་གཅིག་པུར་ལུས་པའི་སློབ་གྲོགས། མཉམ་སྡེབ་དང་ཁ་བྲལ་ཏེ་གཅིག་པུར་ལུས་པའི་སློབ་གྲོགས་བཅས་ལ་དོ་སྣང་བྱེད་ངེས། སློབ་གྲོགས་ཚོར་ཆ་རྒྱུས་མེད་པའི་མིས་ཁ་བརྡ་བྱེད་སྐབས། ཕ་མ་དང་དགེ་རྒན་ལ་ཁ་པར་གཏོང་

ཁྱལ་བྱས་ཏེ། རང་ཉིད་ཀྱི་ས་གནས་གསལ་པོར་བཤད་ནས་དོགས་ཡོད་ཉེས་ཅན་ལ་རང་ཉིད་གཅིག་པུ་མིན་པའི་ཚོར་སྣང་རྫུན་མ་ཞིག་སྤྲོད་དགོས། དོན་མེད་དུ་ཆ་རྒྱུས་མེད་པའི་མིས་སེམས་རྩ་འཕོལ་པོ་བྱས་ཚེ་དེ་（ཁྱོད་རང་ཁྱིམ་དུ་སྐྱེལ་བའམ་ཁྱོད་ལ་དཔེ་ཁྲུག་འཁྱེར་རོགས་བྱས་ཚོག་སོགས）ལ་ཡིད་ཆེས་བྱེད་མི་རུང་ལ། ལྷག་པར་དུ་ཆ་རྒྱུས་མེད་པའི་མིས་སྦྲད་པའི་ལྟོ་ཆས་གང་ཡང་ཟ་མི་རུང་།

༣ ཉེན་རྟོག་པའི་རོགས་རམ་ལ་བརྟེན་དགོས། སློབ་གྲྭ་འབྲིང་ཆུང་གི་སློབ་མ་མཉམ་སྡེབ་ཀྱི་བྱེད་སྒོར་ཞུགས་སྐབས། གལ་ཏེ་དགེ་རྒན་དང་། སློབ་གྲོགས། ཁྱིམ་བདག་བཅས་དང་འབྲེལ་བ་བྱེད་མ་ཐུབ་ན། ༡༡༠ལ་ཁ་པར་བརྒྱབ་སྟེ་ཉེན་རྟོག་པར་རོགས་རམ་བྱེད་རོགས་ཞུས་ཆོག་པ་ལས། རང་གཅིག་པུར་འགྲོ་མི་རུང་ལ། དེ་བས་ཆ་རྒྱུས་མེད་པའི་མིའི་རྗེས་སུ་འགྲོ་མི་རུང་།

༤ མཚོན་རྟགས་ཅན་གྱི་དངོས་པོ་བཙལ་ནས་རང་ཉིད་ཀྱི་ཞིབ་ཕྲའི་སྡོད་གནས་གསལ་པོར་བཤད་དགོས། དགེ་རྒན་དང་སློབ་གྲོགས། ཡང་ན་ཉེན་རྟོག་པར་རོགས་སྐྱོར་བྱེད་རོགས་ཞུ་བ་སོགས་གང་ཡིན་ཀྱང་། སློབ་གྲོགས་ཚོས་རང་ཉིད་ཀྱི་སྡོད་གནས་གསལ་པོར་བཤད་ཐུབ་པ་བྱེད་དགོས། གལ་ཏེ་ལག་ཐོགས་ཁ་པར་དང་ལག་འདོགས་ཆུ་ཚོད་ཁ་པར་ལས་གནས་གཏན་འཕེལ་ནུས་ན། ངེས་པར་དུ་བེད་སྤྱོད་ཡག་པོ་བྱེད་དགོས། གལ་ཏེ་གནས་

གཏན་འཁེལ་མ་ཐུབ་ན། ཉེ་འབྲེལ་ནས་མཚོན་རྟགས་རང་བཞིན་གྱི་དངོས་པོ་བཙལ་ཏེ། རང་ཉིད་ཀྱི་སྡོད་གནས་གསལ་པོ་ཤེས་པར་བྱེད་དགོས།

སྤྱི་ཚོགས་ཀྱི་འབྲེལ་གཏུག་བརྒྱུད་རིམ་ཁྲོད་ཁྲིམ་ཚང་གི་ཆ་འཕྲིན་ཇི་ལྟར་སྲུང་དགོས།

༡ སློབ་གྲྭའི་ཕྱིའི་ཆ་རྒྱུས་མེད་པའི་མི་ལ་འབྲེལ་འདྲིས་མི་བྱེད་པ། སློབ་གྲྭ་འབྲིང་ཆུང་གི་སློབ་མས་སློབ་སྦྱོང་གཙོ་བོར་བཟུང་སྟེ་སློབ་གྲྭའི་ཕྱིའི་ཆ་རྒྱུས་མེད་པའི་མི་ལ་ཕོག་ཐུག་མི་འགྲོ་བ་དགོས། སློབ་གྲོགས་ཚོས་སློབ་གྲྭའི་ནང་གི་སློབ་གྲོགས་རྣམས་དང་འགྲོགས་ཏེ་ཕྱོགས་གཅིག་ནས་ཕན་ཚུན་སློབ་སྦྱོང་བྱས་ཆོག་པ་དང་། གཉིས་ནས་ཕན་ཚུན་རྩེད་མོ་རྩེ་ཆོག་པ། གསུམ་ནས་ཕན་ཚུན་ལྟ་རྟོག་ཀྱང་བྱས་ཆོག

༢ ཆ་རྒྱུས་མེད་པའི་མི་ལ་ཁྲིམ་ཚང་གི་ཆ་འཕྲིན་མི་ཤོད་པ། འཚོ་བའི་ཁྲོད་དུ་སློབ་གྲོགས་རྣམས་ལ་སེམས་རྩ་འཁོལ་བའི་ཆ་རྒྱུས་མེད་པའི་མི་ཁ་ཤས་འཕྲད་སྲིད་དེ། ཁོ་ཚོས་རྗེས་མ་ཁྲོད་བཙལ་ནས་རྩེད་མོ་རྩེ་ཆོག་ཅེས་ཁ་གཡར་ཏེ་ཁྱོད་ལ་ཁྲིམ་གྱི་འབྲེལ་གཏུག་ཇི་ལྟར་བྱེད་ཚུལ་འདྲི་སྲིད། སྐབས་དེར་སློབ་གྲོགས་ཚོས་ངེས་པར་དུ་གཟབ་ནན་བྱེད་དགོས་པ་དང་། ཁ་གཡར་ས་གང་རུང་ཞིག་བཙལ་ནས་གནས་དེ་ནས་ཁ་བྲལ་དགོས།

༣ ཁྲིམ་མི་དང་འབྲེལ་བ་ཡོད་པའི་སྐོར་མི་གླེང་བ། སློབ་གྲྭ་འབྲིང་ཆུང་གི་སློབ་མ་ཆ་རྒྱུས་མེད་པའི་མི་དང་སྐད་དེ་ཁྲིམ་མི་དང་འབྲེལ་བ་ཡོད་པའི་སྐོར་གླེང་དུས། ཐབས་མཁས་པོའི་སྒོ་

ནས་གླིང་ཕྱོགས་བསྐྱར་དགོས་པ་དང་། ཁ་གཏད་གཅིག་ཐབས་མེད་དུས་ཐབས་ཤེས་བཙལ་ནས་ཁ་བྲལ་དགོས།

༤ ལམ་འགྲམ་གྱི་འདྲི་ཞོག་འབྲི་མི་རུང་། ཆ་རྒྱུས་མེད་པའི་མིས་རྒྱུགས་ཤོག་བྲིས་ནས་ལག་རྟགས་ལེན་དགོས་པའི་རེ་བ་བཏོན་ཆེ། སློབ་གྲོགས་ཚོས་ཚིག་འཇམ་པོ་དང་སེམས་ཐག་ཆོད་པོས་ཁས་ལེན་བྱེད་མི་རུང་།

༥ དྲ་ཐོག་ཏུ་གནས་ཚུལ་ངོ་མ་མི་ཤོད་པ། སློབ་གྲྭ་འབྲིང་ཆུང་གི་སློབ་མས་དྲ་ཐོག་ཏུ་སྤྱི་ཚོགས་ཐོག་གི་མི་གཞན་དང་འབྲེལ་གཏུག་བྱེད་སྐབས། མི་སྒེར་གྱི་གནས་ཚུལ་ངོ་མ་གསལ་པོར་བཤད་མི་རུང་ལ། ལྷག་པར་དུ་རང་ཉིད་ཀྱི་ཁྱིམ་ཚང་གི་ཆ་འཕྲིན་དྲ་གྲོགས་ལ་བཤད་མི་རུང་།

རང་ངོས་ཀྱི་བདེ་འཇགས་ཉོགས་ཟློན་གྱི་འདུ་ཤེས་ཇི་ཆེར་ཇི་ལྟར་གཏོང་དགོས།

༡ ཆ་རྒྱུས་མེད་པའི་མིར་ལམ་མི་ཁྲིད་པ། སློབ་གྲྭ་འབྲིང་ཆུང་གི་སློབ་མ་རྣམས་ལ་ཆ་རྒྱུས་མེད་པའི་མིས་ལམ་འདྲི་སྐབས་ལམ་སྟོན་བྱས་ཆོག་མོད། འོན་ཀྱང་ལམ་ཁྲིད་མི་རུང་ལ། རབ་བྱུང་ན་མྱུར་དུ་ཁ་བྲལ་ཏེ་འབྲེལ་འདྲིས་བྱེད་མི་རུང་།

༢ ཚ་རྒྱུས་མེད་པའི་མིའི་ཟས་མི་ཟ་བ། གཞན་ལ་གནོད་འཚེ་གཏོང་བའི་བསམ་པ་ཡོད་མི་དུང་མོད། འོན་ཀྱང་གཞན་ལ་དོགས་ཟོན་བྱེད་པའི་བསམ་པ་མེད་ན་མི་འགྲིག །སློབ་གྲྭ་འབྲིང་ཆུང་གི་སློབ་མས་ཚ་རྒྱུས་མེད་པའི་མིས་སྤྲད་པའི་དངོས་པོ་གང་དུང་དང་ལེན་མི་བྱེད་པ་དང་། ཚ་རྒྱུས་མེད་པའི་མིས་སྤྲད་པའི་ཟས་རིགས་མི་ཟ་བ་དང་བཏུང་བྱ་མི་འཐུང་བ་བཅས་བྱེད་དགོས།

༣ འོས་འཚམ་གྱི་རོགས་སྐྱོར་བ་བདམས་པ། གལ་ཏེ་ཚ་རྒྱུས་མེད་པའི་མིས་ཁྱོད་ལ་རོགས་རམ་དགོས་ཚུལ་གླེང་བ་དང་། དངོས་པོ་ཅི་ཞིག་འཚོལ་རོགས་བྱེད་པའམ་ཡང་ན་ལམ་ཁྲིད་རོགས་ཟེར་བའི་སྐབས་སུ། སློབ་གྲོགས་ཚོས་ཁོ་ཁྲིད་ནས་ཉེན་རྟོག་པའི་རོགས་སྐྱོར་ཞུ་ཆོག་པའམ་ཡང་ན་སློབ་གྲྭའི་བདེ་སྲུང་མི་སྣར་རོགས་སྐྱོར་བྱེད་དུ་འཇུག་པ་ལས་ལམ་ཁྲིད་དང་ཁོ་ལ་དངོས་པོ་འཚོལ་རོགས་གཏན་ནས་བྱེད་མི་དུང་།

༤ སྐད་ཆེན་པོས་འབོད་ནས་གཞན་གྱིས་དོ་སྣང་ཡོང་བ་བྱེད་དགོས། སློབ་གྲོགས་ཚོ་མི་ལ་ལས་བཙན་ཤེད་ཀྱིས་རང་གི་ཕ་མ་དང་གཉེན་ཉེ་ཡིན་ཞེས་ཟེར་ནས་ཨུ་ཚུགས་ཀྱིས་འཁྲིད་སྐབས། འཕྲལ་དུ་སྐད་ཆེན་པོས་སྐྱབ་མཁན་བཙལ་ཏེ་མཐའ་འཁོར་གྱི་མི་རྣམས་ཀྱིས་དོ་སྣང་ཡོང་བ་བྱེད་དགོས།

༥ ཐག་རིང་སར་རྐྱེད་མོ་རྩེ་བར་མི་འགྲོ་བ། སློབ་གྲྭ་འབྲིང་ཆུང་གི་སློབ་མ་རྣམས་གཅིག་པུར་མི་མེད་པའི་ཁང་སྟོང་དང་། བེད་མེད་དུ་བསྒྱུར་བའི་ཐོག་ཁང་ཆེན་མོ། ཡངས་ཤེད་རྒྱ་ཆེ་བའི་ཐོག་བརྩེགས་ཁང་ཆེན་བཅས་སུ་འགྲོ་མི་དུང་། ས་ཆ་དེ་དག་མང་ཆེ་བར་བརྟན་མིག་མེད་ཅིང་། མི་ཉུང་བས་ཉེས་ཅན་པའི་ནག་ཉེས་གསོག་ས་འཚམ་ཤོས་སུ་གྱུར་ཡོད། དེར་བརྟེན་སློབ་གྲྭ་ཆུང་འབྲིང་གི་སློབ་མ་རྣམས་ཐག་རིང་སར་རྐྱེད་མོ་རྩེ་བར་འགྲོ་མི་དུང་།

སློབ་གྲྭ་འབྲིང་ཆུང་གི་སློབ་མ་རྣམས་ལམ་ནོར་ཐེབས་སྐབས་ཇི་ལྟར་བྱེད་དགོས།

༡ ཁ་པར་བཏང་ནས་སྐྱོབ་རོགས་ཞུ་བ། ཕ་མའམ་གྲོགས་པོར་ཁ་པར་བརྒྱབ་སྟེ་ཁོ་ཚོར་རང་གི་ཞིབ་ཕྲའི་སྡོད་གནས་བཤད་ནས་ཁོ་ཚོ་བསུ་བར་ཡོང་དུ་འཇུག་དགོས།

༢ འོས་འཚམ་གྱི་མི་ཞིག་ལ་ལམ་འདྲི་བ། ཉེ་འཁོར་ཟ་ཁང་གི་ཞབས་ཞུ་བ་དང་། བདེ་སྲུང་ཉེན་རྟོག་པ། འགྲིམ་འགྲུལ་ཉེན་རྟོག་པ། མི་དམངས་ཉེན་རྟོག་པ་བཅས་ལ་རོགས་རམ་གནང་རོགས་ཞུ་དགོས། རབ་བྱུང་ན་སློབ་གྲྭ་འབྲིང་ཆུང་གི་སློབ་མས་ཆ་རྒྱུས་མེད་པའི་མི་ལ་རོགས་རམ་བྱེད་རོགས་ཟེར་མི་རུང་།

༣ ས་ཁྲའི་མཉེན་ཆས་བཀོལ་སྤྱོད་བྱེད་པ། ཁ་པར་གཏོང་རོགས་ཞུས་པ་ཕུད། སློབ་གྲོགས་ཚོས་ད་དུང་ལག་ཐོགས་ཁ་པར་གྱི་ས་ཁྲའི་མཉེན་ཆས་བེད་སྤྱོད་དེ་ས་བཀྲའི་མཛུབ་སྟོན་ལ་གཞིགས་ནས་དམིགས་ས་རྙེད་པ་བྱེད་དགོས།

༤ ཆེས་ཉེ་བའི་སྤྱི་སྤྱོད་ཀླདས་འཁོར་ས་ཚིགས་འཚོལ་དགོས། ཆེས་ཉེ་བའི་སྤྱི་སྤྱོད་ཀླདས་འཁོར་ས་ཚིགས་ནས་སློབ་གྲོགས་ཚོས་མགྱོགས་པོར་རང་ཉིད་ཀྱི་སྡོད་གནས་གསལ་རྟོགས་ཐུབ་པ་དང་ཆབས་ཅིག །སློབ་གྲོགས་ཚོས་སྤྱི་སྤྱོད་ཀླདས་འཁོར་ས་ཚིགས་ཀྱི་སྒྲོམ་བྱང་ཐོག་ནས་རང་ཉིད་ཀྱི་རྒྱུས་མངའ་ཡོད་པའི་ས་ཆ་རྙེད་སྲིད།

ལེའུ་ལྔ་པ།

ཆ་རྐྱུས་མེད་པའི་མི་དང་འཕྲད་སྐབས་རྡོགས་ཟློན་བྱེད་མཁས་པོ་བྱ་རྒྱུ་ནི་གནད་འགག་ཅིག་ཡིན།

སློབ་གྲྭ་འབྲིང་ཆུང་གི་སློབ་མ་རྣམས་སློབ་གྲྭར་འགྲོ་དུས་དང་སློབ་གྲྭ་གྲོལ་བའི་ལམ་བར་རམ། ཡང་ན་གློག་སྐས་ནང་དང་ཁྱིམ། དྭ་ཐོག་སོགས་ནས་ཆ་རྒྱུས་མེད་པའི་མི་དང་ཐུག་སྐབས། སློབ་གྲོགས་ཚོས་བཟང་ངན་དབྱེ་འབྱེད་ཀྱི་བརྡར་ཤ་གཅོད་མི་ཐུབ། དེར་བརྟེན། རང་ངོས་ཀྱི་བདེ་འཇགས་སྲུང་སྐྱོང་བྱེད་ཆེད། སློབ་གྲོགས་ཚོས་གནས་བབ་སྣ་ཚོགས་ཀྱི་ཆ་རྒྱུས་མེད་པའི་མི་ལ་ཁ་གཏད་གཅོག་པའི་ཐབས་ཤེས་ཡག་པོ་ཤེས་དགོས་ཏེ། དཔེར་ན་སློབ་གྲྭ་དང་། གློག་སྐས། ལམ་བར། དྭ་ཐོག་སོགས་ནས་ཆ་རྒྱུས་མེད་པའི་མི་དང་འཕྲད་པའི་སྐབས་སུའོ། །

སློབ་གྲྭའི་ནང་ཆ་རྒྱུས་མེད་པའི་མི་དང་ཐུག་དུས་ཇི་ལྟར་བྱེད་དགོས།

༡ ཁེ་བཟང་རག་འདོད་མི་བྱེད་པ། ཆ་རྒྱུས་མེད་པའི་མིས་སློབ་གྲྭར་འགྲེམ་ཚོང་བྱེད་པའི་རིན་གོང་དམའ་བའི་ཐོན་རྫས་ཉོ་མི་རུང་ཞིང་། སླ་ཕོགས་ཅུང་མཐོ་པོ་སྤྲད་ན་ཧོད་རྒྱུག་དང་ཚབ་ཚོང་དུ་མི་ཞུགས་པ། ཆ་རྒྱུས་མེད་པའི་མིས་བཤད་པའི་སྙིག་གྱུར་དཔོག་དཀའ་ཞེས་པའི་དོན་ལ་ཡིད་ཆེས་མི་བྱེད་པ། དཔེར་ན། སྐར་གྲངས་མཐོ་པོ་བླངས་པའི་རྒྱུགས་ཤོག་དང་ཤ་སྐེམ་བྱེད་ཀྱི་ཇ་སོགས་ལྟ་བུ།

༢ ཐག་རིང་བའི་ཁྱུག་ཀྱིག་ཏུ་མི་འགྲོ་བ། གལ་ཏེ་ཆ་རྒྱུས་མེད་པའི་མིས་སློབ་གྲྭའི་ཁྱུག་ཀྱིག་ཏུ་འགྲོ་ཞེས་བཤད་ན། སློབ་གྲོགས་ཚོས་རང་གཅིག་པུས་ལམ་ཁྲིད་མི་རུང་། དུས་མཚུངས་སུ་སློབ་གྲོགས་ཚོས་སེམས་ཟུ་འཁོལ་བའི་སྣེ་ཤན་པ་བྱེད་མི་རུང་བ་མ་ཟད། ཆ་རྒྱུས་མེད་པའི་མི་ཁྲིད་དེ་སློབ་གྲྭར་ལྟ་སྐོར་དུ་འགྲོ་བའམ་གླིང་མོལ་སོགས་བྱེད་མི་རུང་།

༣ ཏན་ཏན་ཏིག་ཏིག་བྱེད་དགོས། སློབ་གྲྭ་འབྲིང་ཆུང་གི་སློབ་མ་རྣམས་སློབ་སྦྱོང་དང་འཚོ་བའི་ཁྲོད་ཏན་ཏན་ཏིག་ཏིག་ཡིན་དགོས་པ་ལས། རྔོངས་འཐོམས་ཀྱིས་མི་གྲགས་ཅན་དང་མི་ནུས་ཅན་ལ་དད་གུས་མི་བྱེད་པ་མ་ཟད། ལུགས་ངན་སྤྱོད་ངན་སྤྱད་དེ་སྐར་མ་མཐོ་པོ་ཐོབ་པར་མི་བརྩོན་པ། དཀའ་སྤྱད་སྙིང་རུས་ཀྱིས་སློབ་སྦྱོང་ཡག་པོ་བྱེད་དགོས་པ་དང་།

གནམ་འོག་ཏུ་རིན་མེད་ཀྱི་གྱང་ཆོགས་མེད་པ་ཤེས་དགོས་ཤིང་། རྒྱུ་ས་བོན་ཇི་འདྲ་བཏབ་པ་ན། འབྲས་བུ་ལོ་ཏོག་དེ་འདྲ་སྨིན་ངེས་པའང་ཤེས་དགོས།

རང་གཅིག་པུ་ཁྱིམ་དུ་སྡོད་སྐབས་ཆ་རྐྱེན་མེད་པའི་མི་དང་འཕྲད་ན་ཇི་ལྟར་བྱེད་དགོས།

༡ ཆ་རྐྱེན་མེད་པའི་མི་སྒོའི་ཕྱི་རུ་བཀག་པ། སློབ་གྲྭ་འབྲིང་ཆུང་གི་སློབ་མ་ཚོ་གཅིག་པུར་ཁྱིམ་དུ་སྡོད་སྐབས་སྒོ་དང་སྐེའུ་ཁུང་ཚང་མ་བརྟན་པོར་རྒྱག་དགོས། ཆ་རྐྱེན་མེད་པའི་མི་གྱུས་སྒོ་རྡུང་ཙང་། ཁ་ཡ་མི་བྱེད་པར་སྒོའི་ཕྱི་རོལ་དུ་སྡོད་དུ་འཇུག་དགོས།

༢ ཕ་མར་ཁ་པར་རྒྱག་པ། གལ་ཏེ་སློབ་གྲྭ་འབྲིང་ཆུང་གི་སློབ་མ་ཚོ་གཅིག་པུར་ཁྱིམ་དུ་སྡོད་སྐབས་ཆ་རྐྱེན་མེད་པའི་མིས་སྒོ་རྡུང་ཚེ། འཕྲལ་དུ་ཕ་མར་ཁ་པར་རྒྱག་དགོས།

༣ མི་ངན་དང་འཛིང་མི་ རུང་། ཆ་རྐྱེན་མེད་པའི་མི་ཁང་པའི་ནང་དུ་འཛུལ་ནས་འཕྲོག་བཅོམ་བྱེད་སྐབས། སློབ་མ་ཚོས་ཆ་རྐྱེན་མེད་པའི་མི་དང་གཏན་ནས་འཐབ་མི་རུང་། དེ་བས་ཁོའི་བཀོད་འདོམས་ལ་ཉན་ཁུལ་བྱས་ནས་རང་ཉིད་ཀྱི་མི་ལུས་བདེ་འཇགས་ལ་ཉེན་ཁ་མི་ཡོང་བ་བྱེད་དགོས།

གཅིག་པུར་གློག་སྐས་ལ་སྡོད་སྐབས་ཆ་རྐྱེན་མེད་པའི་མི་དང་འཕྲད་ཚེ་ཇི་ལྟར་བྱེད་དགོས།

༡ སྡོན་ལ་ཕྱོགས་ཅིག་ཤོས་ལ་ཐོག་སོའི་ཨང་གྲངས་གནོན་དུ་འཇུག་དགོས། སློབ་གྲྭ་འབྲིང་ཆུང་གི་སློབ་མ་ཚོ་གཅིག་པུར་གློག་སྐས་ལ་སྡོད་སྐབས། གལ་ཏེ་ཆ་རྐྱེན་མེད་པའི་མི་དང་ཐུག་ཚེ། ངེས་པར་དུ་སྡོན་ལ་ཕྱོགས་ཅིག་ཤོས་ལ་ཐོག་སོའི་ཨང་གྲངས་གནོན་དུ་འཇུག་དགོས།

༢ ཉེན་བརྡ་གཏོང་སའི་འགྲམ་དུ་ལངས་ནས་འདུག་དགོས། སློབ་གྲྭ་འབྲིང་ཆུང་གི་སློབ་མ་ཆ་རྐྱེན་མེད་པའི་མི་དང་མཉམ་དུ་གློག་སྐས་ལ་བསྡད་དགོས་བྱུང་ཚེ། ཉེན་བརྡ་གཏོང་སའི་འགྲམ་དུ་ལངས་ནས་འདུག་དགོས་ལ། གལ་ཏེ་ཉེན་ཁ་འཕྲད་ཚེ་འཕྲལ་དུ་ཉེན་བརྡ་གཏོང་དགོས།

༣ ཁྱིམ་དུ་མི་ཡོད་ཁུལ་བྱས་ནས་རང་ཉིད་གློག་སྐས་སུ་ཡོད་པ་ཤོད་དགོས། སློབ་གྲོགས་ཚོར་གློག་སྐས་ཀྱི་འགྲམ་ནས་ཆ་རྒྱུས་མེད་པའི་མི་འཕྲད་སྐབས། ཕ་མར་ཁ་པར་བརྒྱབ་ཁུལ་བྱས་ནས་སྐད་ཆེན་པོས་ཁོ་ཚོར་ཁྱོད་གློག་སྐས་ནང་དུ་ཡོད་པ་དང་སྒོ་ཁྱེ་རུ་ཡོང་དགོས་ཞེས་ཤོད་དགོས།

༤ གློག་སྐས་ལས་ཕྱིར་ཐོན་པ། ཆ་རྒྱུས་མེད་པའི་མི་དང་འཕྲད་པའི་སྐབས་སུ། སློབ་གྲོགས་ཚོས་འཁྲིལ་འདྲིས་མི་བྱེད་པར། གློག་སྐས་སྒོ་རྒྱག་གྲབས་ཡོད་པའི་སྐབས་སུ་གློག་སྐས་ལས་ཕྱིར་ཐོན་ཏེ། ངོ་ཤེས་དང་འཕྲད་ན་མཉམ་དུ་འགྲོ་དགོས།

སེམས་བཟང་ཅན་གྱི་ཆ་རྒྱུས་མེད་པའི་མི་དང་འཕྲད་སྐབས་ཇི་ལྟར་བྱེད་དགོས།

༡ ངོགས་ཟོན་རྒྱུན་འཁྱོངས་བྱེད་དགོས། ཆ་རྒྱུས་མེད་པའི་མིས་དོན་གང་ཙུང་ལ་ཁ་གཡར་ནས་ཁྱོད་ཀྱི་ཉེ་སར་བཅར་བ་དང་། ཁྱོད་ལ་རོགས་རམ་བྱེད་པ། རང་ཁྱིམ་དུ་བསྐྱལ་བ། མཉམ་དུ་རྩེད་མོ་རྩེད་རོགས་བྱེད་པ་སོགས་གང་བྱས་ཀྱང་། ངོགས་ཟོན་ལྷོད་གཡེང་གཏོང་མི་ཙུང་ལ། དུས་དང་རྣམ་པ་ཀུན་ཏུ་ཐོས་ཐབས་དང་རོགས་སྐྱོབ་འབོད་པའི་གྲ་སྒྲིག་ཡོད་དགོས།

༢ བར་ཐག་ངེས་ཅན་འཛིན་དགོས། སློབ་གྲོགས་ཚོས་ཆ་རྒྱུས་མེད་པའི་མི་དང་སྐད་ཆ་ཤོད་སྐབས། བར་ཐག་ངེས་ཅན་ཞིག་འཛིན་དགོས་པ་མ་ཟད། ཆ་རྒྱུས་མེད་པའི་མིའི་ལམ་

ཁྲིད་མི་ཉུང་། གལ་ཏེ་ཕྱོགས་ཅིག་ཤོས་ཀྱིས་རྐང་བཙུགས་ནས་ཐག་ཉེ་སར་བཅར་ན། སློབ་གྲོགས་ཚོས་ལྷོག་ཕྱོགས་ལ་ཕྱིར་བཤོལ་བྱས་ནས། དགོས་ངེས་ཀྱི་སྐབས་སུ་རོགས་སྐྱོབ་འབོད་བརྒྱ་གཏོང་དགོས།

༣ དང་ལེན་མི་བྱེད་རྒྱུ་ཤེས་དགོས། སློབ་གྲྭ་འབྲིང་ཆུང་གི་སློབ་མས་སེམས་བཟང་ཅན་གྱི་ཆ་རྐྱེན་མེད་པའི་མི་དང་འབྲེལ་བ་བྱེད་སྐབས། དང་ལེན་མི་བྱེད་རྒྱུ་ཤེས་དགོས་པ་མ་ཟད། ངེས་བྱིན་པའི་ཟ་མ་དང་རོགས་རམ་དང་ལེན་བྱེད་མི་ཉུང་།

༤ རོགས་པ་བསྒྲིགས་ནས་འགྲོ་བ། སློབ་གྲྭ་འབྲིང་ཆུང་གི་སློབ་མ་སློབ་གྲྭར་འགྲོ་བ་དང་སློབ་གྲྭ་གྲོལ་བའི་ལམ་བར་དུ་རོགས་པ་བསྒྲིགས་ནས་འགྲོ་དགོས་པ་ལས་རོགས་པ་དང་བྲལ་ནས་འགྲོ་མི་ཉུང་། སློབ་མ་རྣམས་རང་གཅིག་པུར་འགྲོ་དུས་ཆ་རྐྱེན་མེད་པའི་མིའི་རོགས་རམ་འགོག་པའི་ནུས་པ་ཞན་པས། སེམས་བཟང་ཅན་གྱི་ཆ་རྐྱེན་མེད་པའི་མིས་སྟེར་སླ།

གཟབ་གཟབ་མ་བྱས་པར"བོགས་གཏོང་རླངས་འཁོར་ནག་པོའི"ནང་དུ་བསྡད་པ་ན་ཉེ་ལྟར་བྱེད་དགོས།

༡ ཕ་མར་ཁ་པར་བཏང་ནས་ཞིབ་ཕྲའི་གནས་ཡུལ་བཤད་དགོས་པ་མ་ཟད། ཁ་ལོ་བས་གོ་བ་བྱེད་དགོས། སློབ་གྲྭ་འབྲིང་ཆུང་གི་སློབ་མ་ཚོ་རླངས་འཁོར་ནང་སྡོད་སྐབས་ཐད་ཀར་གཉིད་ལོག་མི་ཉུང་བར་དོགས་ཟོན་ཆེར་བསྐྱེད་ཀྱིས་རླངས་འཁོར་ནང་གི་ཅ་དངོས་དང་ཁ་ལོ་བའི་ལམ་ཕྱོགས་ལ་ལྟ་ཞིབ་དང་དོ་སྣང་བྱེད་དགོས། ཉུང་མི་འགྲིག་པ་ཡོད་ན་མྱུར་དུ་ཐབས་ཤེས་སྤྱད་ནས་ཁྱིམ་མིར་བཤད་དགོས། སློབ་གྲྭ་འབྲིང་ཆུང་གི་སློབ་མ་ཚོ་རླངས་འཁོར་ནང་དུ་འགྲོ་དུས། ཕ་མར་སྐད་འཕྲིན་བསྐུར་ཏེ། ངས་རླངས་འཁོར་གྱི་ཨང་རྟགས་ཁྲིད་ལ་བསྐུར་ཡོད། ང་ལེན་དུ་ཡོང་རྒྱུ་མ་བརྗེད་རོགས་ཞེས་བཤད་དགོས། རླངས་འཁོར་གྱི་སྐོར་ལམ་ཉུང་མི་འགྲིག་པ་ཤེས་ཚེ། ཕ་མར་ས་གནས་མཉམ་སྤྱོད་བྱས་ཏེ། འདི་ནི་ངའི་ས་གནས་ཡིན། གཟིགས་དང་། སྐབས་གྲབས་ཡོད་དུས་ང་ལེན་རྒྱུ་མ་བརྗེད་རོགས་ཞེས་བཤད་ན་ཁ་ལོ་བས་ཁྱོད་ཀྱིས་བོགས་གཏོང་རླངས་འཁོར་གྱི་ཨང་གྲངས་ཕ་མར་བཤད་པ་ཤེས་པ་མ་ཟད།

དུས་དང་རྣམ་པ་ཀུན་ཏུ་ཁྱོད་ཀྱི་གནས་ཡུལ་ཕ་མས་བལྟས་ཡོད་པ་ཤེས་རྗེས། ཁ་ལོ་བས་ཀྱང་ཁྱོད་ཆ་རྐྱུས་མེད་པའི་ས་ཆར་སྐྱེལ་མི་ཐུབ་ལ། ཁྱོད་ཀྱི་ཐོག་ཏུ་ལག་པའང་འགྱུལ་མི་ཐུབ།

༢ ཁ་གཡར་ས་བཙལ་ནས་རིན་པ་ཐེངས་གཉིས་བསྡུ་བ་དང་ལེན་མི་བྱེད་པ། སྤྱིར་བཏང་གི་གནས་ཚུལ་འོག་འགྱུལ་པ་རང་ཉིད་དམིགས་བྱའི་ཡུལ་དུ་སླེབས་ཚེ་ད་གཟོད་རླངས་འཁོར་གྱི་སྣླ་ཆ་སྤྲོད་དེས། ཁ་ལོ་བ་ཁ་ཤས་ཀྱིས་སྔོན་ལ་འགྲུལ་པར་སྐོར་མོ་ཕྲད་དུ་བཙུག་རྗེས་གཞི་ནས་འགྲུལ་པ་སྐྱེལ་གྱི་ཡོད། དེ་ནས་ཆ་རྐྱུས་མེད་པའི་ལམ་མདོ་ཞིག་ཏུ་རྒྱུ་མཚན་སྣ་ཚོགས་ལ་བརྟེན་ནས་ཁྱོད་རང་རླངས་འཁོར་ལས་བབས་སུ་བཙུག་སྟེ་སྣླ་ཆ་ཐེངས་གཉིས་པ་བསྡུ་སྲིད། སློབ་གྲྭ་འབྲིང་ཆུང་གི་སློབ་མར་གནས་ཚུལ་དེ་རིགས་འཕྲད་སྐབས། རང་ཉིད་ཀྱི་བདེ་འཇགས་ལ་བསམ་བློ་བཏང་ནས་ཁ་ལོ་བར་འོས་འཚམ་གྱི་བདལ་སྣླ་བསྟན་པ་ལ་བསམ་ཤེས་ཐུབ་མོད། འོན་ཀྱང་ད་ལྟ་ངའི་ལག་ན་དངུལ་མེད། འགྲོ་སའི་གནས་ལ་སླེབས་ན་ཁྱིམ་མིར་བཤད་ནས་སྐོར་མོ་སྤྲོད་དུ་བཙུག་ཚོག །ད་དུང་གནས་ཚུལ་འདི་ཕ་མར་མི་ཤོད་པའི་ཁས་བླངས་ཚོག་ཅེས་ཟེར་དགོས།

༣ མཐུན་ཐབས་ཀྱིས་རང་སྲུང་བྱེད་པ། གལ་ཏེ་སློབ་གྲྭ་འབྲིང་ཆུང་གི་སློབ་མ་ཚོ་རླངས་འཁོར་ནང་སྡོད་སྐབས་གྲི་བཟུང་ནས་ཁྱོད་ལ་འཇིགས་སྣང་སྐུལ་མཁན་གྱི་ཁ་ལོ་བ་འཕྲད་ཚེ་དེར་རྒོལ་ལན་སློག་མི་ཏུང་། ཁོའི་རེ་བ་ལྟར་འགྲོ་དགོས་པ་དང་། ལུས་སྟེང་གི་རྒྱུ་དངོས་སྤྲོད་དགོས་པ་མ་ཟད། ཁོའི་ངོ་གདོང་དང་སྐད་སྒྲ་སོགས་ཡིད་ལ་འཛོག་དགོས། གལ་ཏེ་ཆ་རྐྱུས་མེད་པའི་གནས་སུ་ཁྲིད་པ་ཡིན་ན། ངུ་འབོད་བྱ་མི་ཏུང་ཞིང་། བརྒྱ་ཆ་བརྒྱ་ཐྲོས་ཐུབ་པའམ་

ཡང་ན་སྐྱོབ་རེ་ཞུ་ཐུབ་པའི་གདེང་ཚོད་ཡོད་ན་མ་གཏོགས་རང་དགར་བྲོས་འགྲོ་བ་དང་སྐྱོབ་རེ་ཞུ་ཐབས་བྱེད་མི་རུང་། དེ་བས་བཟོད་བསྲན་གྱིས་ཉེན་རྟོག་པའི་རོགས་སྐྱོབ་ལ་བསྒུག་དགོས།

ཆ་རྒྱུས་མེད་པའི་དྲ་གྲོགས་དང་ཐུག་འཕྲད་བྱེད་སྐབས་ཀྱི་དོ་སྣང་བྱ་ཡུལ་འགའ།

༡ རང་གཅིག་པུར་ཆ་རྒྱུས་མེད་པའི་དྲ་གྲོགས་དང་ཐུག་འཕྲད་བྱ་མི་རུང་། སློབ་གྲྭ་འབྲིང་ཆུང་གི་སློབ་མ་ཚོས་དྲ་གྲོགས་དང་ཐུག་འཕྲད་བྱ་རྒྱུ་ཁས་བླངས་ཚེ། སྔོན་ལ་ཕ་མ་དང་གྲོས་བསྡུར་བྱས་རྗེས་གཞི་ནས་སོང་ན་ཆོག །གལ་ཏེ་ཕ་མར་བཤད་མ་ཕོད་ན། ཆེས་ཉེ་བའི་གྲོགས་པོ་དང་སློབ་གྲོགས་ཁྲིད་དགོས་ཏེ། དོན་དེ་སྔོན་ལ་དྲ་གྲོགས་དེར་བཤད་དགོས།

༢ ཐུག་འཕྲད་བྱེད་ས་ནི་ངེས་པར་དུ་མི་མང་བའི་སྤྱི་པའི་འདུ་འཛོམས་བྱེད་གནས་ཞིག་ཏུ་ཡིན་དགོས། སློབ་གྲྭ་འབྲིང་ཆུང་གི་སློབ་མ་ཚོ་ཆ་རྒྱུས་མེད་པའི་དྲ་གྲོགས་དང་ཐུག་འཕྲད་བྱེད་དུས། ངེས་པར་དུ་མའི་ཏང་ལའོ་དང་། ཇ་ཚོང་ཐང་ཆེན། ཚོང་ར་སོགས་མི་མང་འདུ་སར་བདམས་ཏེ་འགྲོ་དགོས་པ་ལས་སྲུང་ལམ་ཆུང་བ་དང་། ཨར་ཁང་། KTVགླུ་གར་ཁང་། མགྲོན་ཁང་སོགས་སུ་འགྲོ་མི་རུང་།

༣ དགོང་མོ་ཐུག་འཕྲད་མི་བྱེད་པ། ཐུག་འཕྲད་བྱེད་པའི་དུས་ཚོད་ནི་ཉིན་མོར་ཡིན་དགོས། རྒྱུ་མཚན་ནི་ཕ་རོལ་པོས་རི་ངན་འཆང་ཡོད་ན་སྔོན་འགོག་བྱེད་ཆེད་ཡིན།

༤ གསོལ་སྟོན་བཤམས་ཡུལ་སོགས་ནས་ཁ་མི་འབྲལ་བ་དང་། ཆང་མི་འཐུང་བ། ཆ་རྒྱུས་མེད་པའི་དྲ་གྲོགས་དང་ཟ་མ་ཟ་བའི་སྐབས་སུ། ལག་བཀྲུ་ཁང་དུ་འགྲོ་མི་རུང་། དེའང་ཆ་རྒྱུས་མེད་པའི་དྲ་གྲོགས་ཀྱིས་བཏུང་བྱ་དང་ཟ་མའི་ནང་དུ་སྨན་ལྷུག་ཉེན་ཡོད་པས། ཆ་རྒྱུས་མེད་པའི་དྲ་གྲོགས་དང་མཉམ་དུ་ཆང་འཐུང་མི་རུང་།

༥ ཚ་རྒྱུས་མེད་པའི་མིའི་རླངས་འཁོར་དུ་སྡོད་མི་རུང་། སྤྱི་སྤྱོད་རླངས་འཁོར་དང་ས་འོག་ལྕགས་ལམ་སོགས་སྤྱི་སྤྱོད་འགྲིམ་འགྲུལ་ཡོ་བྱད་འདེམས་དགོས། ཐུག་འཕྲད་བྱས་ཚར་རྗེས་སློབ་གྲོགས་ཚོ་ཕ་རོལ་པོའི་རླངས་འཁོར་ལ་སྡོད་མི་རུང་བར་སྤྱི་སྤྱོད་རླངས་འཁོར་དང་ས་འོག་ལྕགས་ལམ་སོགས་སྤྱི་སྤྱོད་འགྲིམ་འགྲུལ་བདམས་ནས་ནང་ལ་ལོག་དགོས།

༦ གྱོན་པ་འཚམ་པོ་གྱོན་དགོས་པ་ལས་ཕྱིར་མངོན་ཐལ་ཆེ་བའི་རིགས་གྱོན་མི་རུང་། ཟླ་གྲོགས་དང་ཐུག་འཕྲད་བྱེད་དུས་ལྟ་བ་བདེ་མོ་དང་ལུས་ལ་འཛོལ་པོ་གྱོན་དགོས་པ་ལས་ཕྱིར་མངོན་ཐལ་ཆེ་བ་གྱོན་མི་རུང་། དེས་མ་གཏོགས་གཞན་ལ་ཚོར་སྣང་གཞན་སྐྱེ་སྲིད། ཡང་གང་འདོད་ལྟར་གྱོན་ཆས་བརྩོག་པ་གྱོན་ན་གཞན་གྱིས་བརྩི་བཀུར་བྱེད་ཀྱིན་མི་འདུག་སྙམ་ནས་སྣང་སེམས་འཛིན་སྲིད།

ལེའུ་དྲུག་པ།

མགོ་སྐོར་བསླུ་བྲིད་འོག་མ་ཚུད་པའི་ཆེད། རང་ཉིད་ལ་སྲུང་སྐྱོབ་བྱེད་ཤེས་པ་དགོས།

སྐབས་འགར། ཆ་རྐྱུས་མེད་པའི་མིས་རང་ཉིད་རྗེས་འདེད་གཏོང་བཞིན་ཡོད་པ་མཐོང་བ་དང་། ཡང་ན་ཐྲངས་འཁོར་ཞིག་གི་འཁྲུམ་ནས་འགྲོ་དུས། ཆ་རྐྱུས་མེད་པའི་མིས་བཙན་གྱིས་ཐྲངས་འཁོར་ནང་དུ་འཐེན་ཏེ་རྐང་ལག་བསྡམས་པ་སོགས་ཀྱི་གནས་ཚུལ་འབྱུང་སྲིད་པས། སློབ་གྲྭ་འཁྲིད་ཆུང་གི་སློབ་མར་རང་གིས་རང་ལ་སྲུང་སྐྱོབ་བྱེད་པའི་འདུ་ཤེས་ངེས་ཅན་ཞིག་ཡོད་དགོས་པ་དང་། ཤེས་བྱ་འདི་དག་ཁོང་དུ་ཆུད་པར་བྱས་ནས་འགག་རྩའི་སྐབས་སུ་ནུས་པ་འདོན་ཐུབ་པར་བྱེད་དགོས།

མི་ཞིག་གིས་རང་ཉིད་རྗེས་འདེད་གཏོང་བཞིན་ཡོད་ན་ཇི་ལྟར་བྱེད་དགོས།

༡ མགྱོགས་མྱུར་ངང་ཁོར་ཡུག་ལ་ལྟ་ཞིབ་བྱེད་པ། མི་ཞིག་རང་ཉིད་ཀྱི་རྗེས་སུ་སླེག་བཞིན་པ་ཤེས་རྗེས། ཉེ་འཁོར་གྱི་ཁོར་ཡུག་ལ་ལྟ་ཞིབ་བྱེད་པ་དང་། ལམ་གང་དུ་འགྲོ་ཐུབ་པ། གང་དུ་འགྲོ་མི་ཐུབ་པ་ཡིད་ལ་ངེས་དགོས། ད་དུང་གང་ན་མི་མང་བ་དང་གང་ན་མི་ཉུང་བ། མངག་གཏོང་ཁང་དང་བར་ཐག་རིང་མིན། ཉེ་འཁྲུམ་ན་ཚོང་ར་དང་སྒོ་རྩིས་ཚོང་ཁང་ཡོད་མེད་བཅས་ཤེས་དགོས།

༢ མི་ངན་བསྐྱུར་ནས་འགྲོ་དགོས། ཁོར་ཡུག་ལ་ལྟ་ཞིབ་བྱས་རྗེས་འཕྲལ་མར་བྱ་སྤྱོད་སྤེལ་ཏེ། མི་མང་སར་རྒྱུག་པའམ་ཡང་ན་མངག་གཏོང་ཁང་གི་ཕྱོགས་སུ་རྒྱུག་དགོས། ཤེས་དགོས་པ་ཞིག་ལ་ཐར་ས་མེད་པའི་སྲང་ལམ་དང་། སྲང་ལམ་ཆུང་ཆུང་། མི་ཉུང་ས་བཅས་སུ་རྒྱུག་མི་རུང་།

༣ ཕ་མར་འབྲེལ་གཏུག་བྱེད་པ། མི་མང་བའི་ས་ཆར་སྒྲོས་རྗེས། འཕྲལ་དུ་ཕ་མར་འབྲེལ་གཏུག་བྱས་ཏེ་ཕ་མར་བྱ་བའི་བརྒྱུད་རིམ་བཤད་ནས་རང་ཉིད་བསུ་རུ་འཇུག་དགོས།

༤ རྐང་བཙུགས་ནས་ལམ་འཁྲུམ་གྱི་ཐྲངས་འཁོར་ཐོག་གི་ཉེན་བརྡའི་ཕོ་བྱད་ལ་ཐུག་པ། རྒྱུག་པའི་བརྒྱུད་རིམ་ནང་གལ་ཏེ་ལམ་འཁྲུམ་གྱི་ཐྲངས་འཁོར་ལ་ཉེན་བརྡ་གཏོང་ཆས་ཡོད་པ་དང་། གལ་ཏེ་དེ་ཉིད་བཀོལ་ཐུབ་ཚེ། དེའི་སྒྲས་མི་ངན་ལ་སྐྲག་སྣང་ཞིག་སྐྱེར་ཐུབ།

མི་འཚོང་རྒྱག་མཁན་གྱིས་བཙན་ཤེད་ཀྱིས་རླངས་འཁོར་ནང་དུ་འཐེན་ན་ཇི་ལྟར་བྱེད་དགོས།

༡ དངོས་ཟས་གཏོར་བཤིག་བཏང་ནས་གཞན་གྱིས་དོ་སྣང་ཡོང་བ་བྱེད་དགོས། གལ་ཏེ་སློབ་གྲྭ་འབྲིང་ཆུང་གི་སློབ་མ་ཚོ་ཆ་རྒྱུས་མེད་པའི་མིས་བཙན་ཤེད་ཀྱིས་རླངས་འཁོར་ནང་བཙུག་ན། མཐའ་འཁོར་གྱི་དངོས་ཟས་གཏོར་བཤིག་བཏང་ཆོག་པ་དཔེར་ན། ཉེ་འགྲམ་གྱི་རླངས་འཁོར་གྱི་སྒེའུ་ཁུང་གཅོག་པ་དང་། སྤྱི་པའི་དངོས་ཟས་གཅོག་པ། ཚོང་ཁང་གི་ཚོང་ཟོག་གཅོག་པ། གཞན་གྱི་འབའ་ཁུག་འཁྱེར་བ་བཅས་བྱས་ནས་གཞན་གྱིས་དོ་སྣང་ཡོང་ཐབས་བྱེད་དགོས། རབ་བྱུང་ན་གནོད་འཚེ་ཕོག་མཁན་ལ་ཉེན་རྟོག་པར་སྙན་སེང་ཞུ་རུ་འཇུག་དགོས།

༢ ཕྱོགས་སྟོན་རང་བཞིན་ལྡན་པའི་སྒོ་ནས་སྐྱོབ་རོགས་ཞུ་བ། སློབ་གྲོགས་ཚོས་སྐྱོབ་རོགས་ཞུ་སྐབས། ཐམ་འཛོམས་ཀྱིས་སྲོག་སྐྱོབ་རོགས་ཞེས་འབོད་རྒྱུ་མེད། ཆ་རྒྱུས་མེད་པའི་ལམ་འགྲོ་བ་ཚང་མར་དོན་དག་ཤུང་ན་དགའ་བ་དང་། རང་འགུལ་གྱིས་རོགས་སྐྱོར་བྱ་བསམ་མཁན་ཤུང་ལ། ལྷག་པར་དུ་རང་གི་མགོ་ཐོག་ཏུ་རྙོག་དྲ་ཡོང་བར་སྐྲག་སྲིད། གལ་ཏེ་ཕྱོགས་སྟོན་རང་བཞིན་ལྡན་པའི་སྒོ་ནས་འབོད་པ། (དཔེར་ན། མིག་ཤེལ་གྱོན་པ་དེ་དང་། ཚོ་ལེན་དཀར་པོ་གྱོན་པའི་ཨ་ཁུ་ཞེས་པ་ལྟ་བུ།) དེ་ལྟར་ཐོས་མ་ཐག་པའི་མི་ལ་ལས་འགན་གྱི་འདུ་ཤེས་ཡོད་པས་སྐྱོབ་ཐུབ་པའི་རེ་བ་ཆེ་རུ་འགྲོ་ངེས་རེད།

༣ གན་རྒྱལ་དུ་ཉལ་བ། སློབ་གྲྭ་འབྲིང་ཆུང་གི་སློབ་མས་ཁ་སྦུབ་བསློགས་ནས་འདུག་སྟེ། ཉལ་བའམ་ཡང་ན་སྐད་ཆེན་པོས་འབོད་པ་དང་། གལ་ཏེ་ཉེ་འགྲམ་དུ་འཛུགས་སྐྲུན་དངོས་པོ་ཡོད་ན་དེར་བརྟན་པོར་བཟུང་དགོས།

༥ ཕ་རོལ་པོའི་གནད་ཆེ་སར་བརྗེགས་ནས་གོ་སྐབས་དང་བསྟུན་ཏེ་བྲོས་ཐུབ་པ་དགོས། སློབ་གྲྭ་འབྲིང་ཆུང་གི་སློབ་མ་རྣམས་ལ་བཙན་ཤེད་ཀྱིས་བླངས་འཕོར་ནང་འཛིན་པའི་གནས་ཚུལ་འཕྲད་ཆེ། ཏང་པའམ་ཡང་ན་ལག་ཐོག་ཏུ་ཡོད་པའི་དངོས་པོས་ཕ་རོལ་པོའི་གནད་ཆེ་སར་རྡུང་རྡེག་གཏོང་དགོས། དཔེར་ན། མིག་སོགས། དེ་ནས་མི་མང་སའི་ཕྱོགས་སུ་བྲོས་དགོས།

མི་ངན་ཁྲིམས་དུ་འཛུལ་སྐབས་ཇི་ལྟར་བྱེད་དགོས།

༡ སེམས་རྣལ་དུ་ཕབ་ནས་མི་ངན་འཇིགས་ཏུ་མི་འཇུག་པ། མི་ངན་གྱིས་བྱས་ཉེས་གསོག་སྐབས་སེམས་འཚབ་པ་དང་། སྐྲག་སྣང་སྐྱེ་བ་ཕྱིར་མངོན་འོང་། གལ་ཏེ་སྐབས་དེར་སློབ་གྲོགས་ཚོས་སྐད་ཅོར་ཆེན་པོ་བརྒྱབ་ནས་མི་ངན་སྐྲག་ཏུ་བཅུག་ན། མི་ངན་གྱིས་སློབ་གྲོགས་ཚོར་གནོད་འཚེ་གཏོང་བའི་བྱ་སྤྱོད་སྤེལ་སྲིད། དེར་བརྟེན་མི་ངན་ཁྲིམས་དུ་འཛུལ་ནས་བྱས་ཉེས་གསོག་སྐབས་སློབ་གྲོགས་ཚོས་སེམས་རྣལ་དུ་ཕབ་ནས་ཁ་གཏད་གཅིག་དགོས་པ་ལས་མི་ངན་ལ་འཇིགས་སྣང་སྐྱེལ་མི་རུང་།

༢ མཐུན་ཐབས་བྱས་ནས་རང་སྲོག་སྲུང་དགོས། སློབ་གྲོགས་ཚོས་དུས་དང་རྣམ་པ་ཀུན་ཏུ་ཚེ་སྲོག་ཨང་དང་པོར་འཛོག་དགོས་པ་དང་། མི་ངན་ཁྲིམས་དུ་འཛུལ་སྐབས་མི་ངན་དང་འཐབ་རྩོད་བྱེད་པའི་རེ་བ་མི་འཆང་བར། མི་ངན་གྱིས་བཟུང་བའི་གྲི་སོགས་ལག་ཆས་རང་ལ་གནོད་འཚེ་མ་ཕོག་པ་བྱེད་དགོས། མི་ངན་ལ་རྒྱུ་ནོར་ཡོད་ས་བཤད་ནས་རང་ལ་ཡིད་ཆེས་ཐོབ་པར་བྱས་ཏེ། མི་ངན་གྱིས་ཁྱོད་ལ་དོགས་ཟོན་ལྷོད་གཡེང་བཏང་ནས་ཐལ་དྲགས་པའི་བྱ་སྤྱོད་སྤེལ་བ་འགོག་དགོས།

༣ སྒོ་བརྒྱབ་ནས་ཉེན་བརྡ་གཏོང་བ། གལ་ཏེ་ཁྱུན་མ་ནང་དུ་ཡོང་ནས། ཁྱུན་མས་ཁྱོད་ཁྲིམས་དུ་བསྡད་ཡོད་པ་མ་ཤེས་པའི་དུས། སློབ་གྲོགས་ཚོས་འཕྲལ་དུ་རང་གི་ཁང་པའི་སྒོ་བརྒྱབ་ནས་ཉེན་བརྡ་གཏོང་ཐབས་བྱེད་དགོས། ལག་ཐོགས་ཁ་པར་ཡོད་དུས་འཕྲལ་དུ་ཕ་མར་བརྡ་གཏོང་དགོས་ཤིང་། ལག་ཐོགས་ཁ་པར་མེད་པའི་སྐབས་སུ་ཐོག་ཁང་ནས་དངོས་པོ་གཡུགས་

ཏེ་མི་གཞན་གྱིས་དོ་སྣང་ཡོང་བར་བྱེད་པ་དང་དངོས་པོ་ལྡིད་པོ་འགས་སྐོ་རྒྱབ་མནན་དགོས།

རྒྱུས་མེད་པའི་གནས་ཤིག་ཏུ་བསྐྱམས་ན་ཇི་ལྟར་བྱེད་དགོས།

༡ ཇག་པའི་འདོད་བློ་ཤེས་དགོས། ཇག་པས་བསྐྱམས་པའི་རྗེས་སུ། སློབ་གྲོགས་ཚོས་ཇག་པའི་མི་གྲངས་ལ་དོ་སྣང་བྱེད་དགོས་པ་དང་། ཇག་པ་དང་སྐད་ཆ་བཤད་དེ་བཙན་ཁྲིད་བྱས་ནས་བཀྱིགས་པའི་དམིགས་ཡུལ་ཤེས་དགོས། ཇག་པས་ཁྱོད་གཏའ་མར་འཛིག་རྩིས་བྱས་ནས། ནང་མིར་བླུ་རིན་སློང་རྩིས་བྱེད་པ། ཡང་ན་ཇག་པས་ཁྱོད་ཀྱི་དོན་ལྟ་སྟོད་དྲུག་བཙོངས་ཏེ་ཁེ་བཟང་རག་ཐབས་བྱེད་བསམ་པ། ཡང་ན་ཇག་པ་ནི་མི་འཚོང་རྒྱུག་མཁན་ཡིན་པས། ཆེད་དུ་བྱིས་པ་གཡོ་འཚོང་བྱེད་པ་སོགས་ལྟ་བུ། དུས་མཚུངས་སུ་ད་དུང་ཇག་པས་མཚོན་ཆ་དང་། མི་མདའ་དང་རྫས་མདེལ་སོགས་ཉེན་ཁ་ཆེ་བའི་ཡོ་བྱད་བཟུང་ཡོད་མེད་ལ་དོ་སྣང་བྱེད་དགོས།

༢ མཐའ་འཁོར་གྱི་ཁོར་ཡུག་ལ་ལྟ་ཞིབ་བྱེད་པ། གལ་ཏེ་སློབ་གྲྭ་འབྲིང་ཆུང་གི་སློབ་མ་རྣམས་ཇག་པས་ཆ་རྒྱུས་མེད་པའི་ས་ཆ་ཞིག་ཏུ་བསྐྱམས་ཤིང་། མཐའ་འཁོར་ནི་ས་སྟོང་ཡིན་ན། སློབ་གྲོགས་རྣམས་ཀྱིས་ཐམ་ཐོམ་དུ་སྐད་རྒྱག་པ་དང་བྲོས་རྩིས་བྱེད་པའི་རེ་བ་འཆང་མི་རུང་། དེ་འདྲའི་གནས་ནས་བྲོས་ཐུབ་ཐབས་རྩ་བ་ནས་མེད། གལ་ཏེ་གྲོང་མིའི་ཐོག་ཁང་ནང་དུ་བསྐྱམས་པ་ཡིན་ན། སློབ་གྲོགས་ཚོས་ཡི་གེ་བྲིས་ནས་ཕྱིར་བསྐུར་བའམ་སྒྲ་གྲག་རྟུང་བའི་ཐབས་ལ་བརྟེན་ནས་གཞན་གྱིས་དོ་སྣང་ཡོང་བར་བྱེད་དགོས། གལ་ཏེ་བེད་མེད་དུ་བསྐྱུར་

བའི་ཐོག་ཁང་ཆེན་མོའི་ནང་དུ་བསྡམས་ཡོད་ན། སློབ་གྲོགས་ཚོས་ཐོག་ཁང་གི་ཆུ་སྦུག་འོག་མ་འཚོལ་ཐབས་བྱེད་པའམ་ཡང་ན་ཆུ་སྦུག་ལམ་ནས་ཐར་ཐབས་བྱེད་དགོས།

༣ ཁ་པར་གཏོང་བའི་དུས་ཚོད་འགོར་འགྱངས་བྱེད་པ། གལ་ཏེ་གཏའ་མིར་བཞག་པ་ཡིན་ན། ཇག་པས་གཏའ་མི་དང་གཉེན་ཉེ་ཁ་པར་གཏོང་དུ་འཇུག་སྐབས། སློབ་གྲོགས་ཚོས་གང་ཐུབ་ཅི་ཐུབ་ཀྱིས་རང་ཉིད་གནས་སའི་སྡོད་གནས་སྐོག་བརྗ་གཏོང་བའམ་ཡང་ན་ཁ་པར་གཏོང་ཡུན་ཕྱིར་འགྱངས་གཏོང་ཅི་ཐུབ་བྱེད་དགོས། དེ་ལྟར་བྱས་ན་ཉེན་རྟོག་པས་སྐད་ཆ་བཤད་སའི་གནས་གཏན་འཕེལ་བྱུང་ནས་དུས་ཐོག་ཏུ་སྐྱོབ་ཐུབ།

ཇག་པས་བཙན་ཁྲིད་བྱེད་སྐབས་ནོ་ལྷང་བྱ་དགོས་པའི་དོན་ཚན།

༡ མི་དྭ་བ་དང་། ཟིང་ཆ་མི་སློང་བ། གང་བྱུང་དུ་ཁ་མི་གྲག་པ་བཅས་བྱེད་དགོས། གལ་ཏེ་སློབ་གྲོགས་རྣམས་ཇག་པས་བཙན་ཁྲིད་བྱས་ན་ངེས་པར་དུ་སེམས་རྣལ་དུ་ཕབ་དགོས་པ་ལས་ཇག་པ་དང་འཐབ་རྩོད་བྱེད་མི་རུང་ལ། སྐད་ཤུགས་ཆེན་པོས་དུ་འབོད་མི་བྱེད་པ་དང་ཁ་རྟུང་དྲག་པོ་གཏོང་བ། ཇག་པ་ཁོང་ཁྲོ་ལང་དུ་འཇུག་པ་སོགས་ཀྱི་བྱ་སྤྱོད་སྤེལ་མི་རུང་། དེས་མ་གཏོགས་ཇག་པ་ཧ་ཅང་ཁྲོས་ཚེ་ཚོད་བརྒལ་གྱི་རྟུང་རྙེག་ཐོག་སྲིད།

༢ མཐའ་འཁོར་གྱི་ཁོར་ཡུག་ལ་ལྟ་ཞིབ་བྱེད་དགོས། སློབ་གྲོགས་ཚོས་གྲོས་མ་ཕྱིན་གོང་ངེས་པར་དུ་སྔོན་ལ་མཐའ་འཁོར་གྱི་ཁོར་ཡུག་ལ་ལྟ་ཞིབ་བྱེད་དགོས། གལ་ཏེ་ས་ཁད་ཡངས་པ་དང་ལུང་ཁུག་ཅིག་ཏུ་ཡིན་ན། ཉེན་མཚོང་དང་གྲོས་མ་ཕྱིན་ན་བཟང་ངོ་།།

གཞོན་ནུ་ལོ་ཆུང་གི་མགོ་སྐོར་བསླུ་བྲིད་འགོག་ཐབས་ཀྱི་སློབ་གསོའི་ཤེས་བྱའི་ལག་དེབ།

གཙོ་སྒྲིག་པ། ཅེང་ཚུའི་ཧེང་།

རྩོམ་སྒྲིག་འགན་འཁུར་བ། ཚེ་དཔག ཀྲའོ་པའོ་ཞིས།

ཡིག་སྐྱུར། བཀྲ་ཤིས་དངོས་གྲུབ།

དེབ་གཞིའི་མཛེས་འཆོས་པ། ལྷ་མོ།

དཔེ་སྐྲུན། བོད་ལྗོངས་བོད་ཡིག་དཔེ་སྙིང་དཔེ་སྐྲུན་ཁང་། སྦྲག་ཨང་། 850000

པར་གཞི་རྐུ་སྤྱོད་ལ་རྟུང་རྟེག་གཏོང་། 0891-6930339

པར་འདེབས་ཚན་པ། སིན་ཧོ་གྲོང་ཁྱེར་ཐེང་རྡེ་པར་འདེབས་ཚད་ཡོད་ཀུང་སི།

བརྒྱུད་འཚོང་། རྒྱལ་ཡོངས་ཞིན་ཧྭ་དཔེ་ཚོང་ཁང་།

དེབ་ཚད། 710mm×1 000mm 1/16

པར་ཤོག 6.25

པར་གྲངས། 01—3,000

ཡིག་གྲངས། ཁྲི་6.24

པར་གཞི། 2022ལོའི་ཟླ་11པར་པར་གཞི་དང་པོ་བསྒྲིགས།

པར་ཐེངས། 2022ལོའི་ཟླ་11པར་པར་ཐེངས་དང་པོ་བཏབ།

དཔེ་རྟགས། ISBN 978-7-5700-0707-3

རིན་གོང་། སྒོར་26.00
